国家职业技能鉴定考试指导

焊工

（高级）

第 2 版

主　编　丁文花　李国珍

副主编　张宗周

编　者　张骏浩　赵　鹏

主　审　李志信

中国劳动社会保障出版社

图书在版编目（CIP）数据

焊工：高级/人力资源和社会保障部教材办公室组织编写. —2版. —北京：中国劳动社会保障出版社，2015

国家职业技能鉴定考试指导

ISBN 978－7－5167－2216－9

Ⅰ.①焊…　Ⅱ.①人…　Ⅲ.①焊接－职业技能－鉴定－自学参考资料　Ⅳ.①TG4

中国版本图书馆 CIP 数据核字（2015）第 261335 号

中国劳动社会保障出版社出版发行

（北京市惠新东街1号　邮政编码：100029）

*

河北燕山印务有限公司印刷装订　　　新华书店经销

787 毫米×1092 毫米　16 开本　10.75 印张　208 千字
2015 年 11 月第 2 版　　2024 年 11 月第 8 次印刷
定价：24.00 元

营销中心电话：400-606-6496
出版社网址：http://www.class.com.cn

编 写 说 明

《国家职业技能鉴定考试指导》（以下简称《考试指导》）是《国家职业资格培训教程》（以下简称《教程》）的配套辅助教材，每本《教程》对应配套编写一册《考试指导》。《考试指导》共包括三部分：

第一部分：理论知识鉴定指导。此部分内容按照《教程》章的顺序，对照《教程》各章内容编写。每章包括四项内容：考核要点、重点复习提示、辅导练习题、参考答案。

——考核要点是依据国家职业标准、结合《教程》内容归纳出的考核要点，以表格形式叙述。

——重点复习提示为《教程》各章内容的重点提炼，使读者在全面了解《教程》内容基础上重点掌握核心内容，达到更好地把握考核要点的目的。

——辅导练习题题型采用三种客观性命题方式，即判断题、单项选择题和多项选择题，题目内容、题目数量严格依据理论知识考核要点，并结合《教程》内容设置。

——参考答案中，除答案外对题目还配有简要说明，重点解读出题思路、答题要点等易出错的地方，目的是完成解题的同时使读者能够对学过的内容重新进行梳理。

第二部分：操作技能鉴定指导。此部分内容包括两项内容：考核要点、辅导练习题。

——考核要点是依据国家职业技能标准、结合《教程》内容归纳出的该职业在该级别总体操作技能考核要点，以表格形式叙述。

——辅导练习题题型按职业实际情况安排了实际操作题，并给出了答案。

第三部分：模拟试卷。包括该级别理论知识考试模拟试卷、操作技能考核模拟试卷若干套，并附有参考答案。理论知识考试模拟试卷体现了本职业该级别大部分理论知识考核要点的内容，操作技能考核模拟试卷完全涵盖了操作技能考核范围，体现了专业能力考核要点的内容。

本职业《鉴定指导》共包括5本，即基础知识、初级、中级、高级、技师和高级技师。

本书是其中的一本，适用于对高级焊工的职业技能培训和鉴定考核。

本书在编写过程中得到了山东省安装工程技工学校、山东威德焊接技术培训学校大力支持与协助，在此一并表示衷心的感谢。

编写《鉴定指导》有相当的难度，是一项探索性工作。由于时间仓促，缺乏经验，不足之处在所难免，恳切欢迎各使用单位和个人提出宝贵意见和建议。

目　录

第 1 部分　理论知识鉴定指导

第 2 部分　操作技能鉴定指导

第 3 部分　模拟试卷

第1部分　理论知识鉴定指导

第1章　焊条电弧焊

考 核 要 点

理论知识考核范围	考核要点	重要程度
焊条电弧焊基本知识	1. 熔滴过渡的作用力及影响因素	★★
	2. 焊条电弧焊熔滴过渡形式及其特点	★★★
	3. 焊条电弧焊操作工艺	★★★
	4. 焊接质量检验	★★★
	5. 焊缝缺陷及防止措施	★★★
低碳、低合金钢板对接仰焊	1. 低碳钢或低合金钢板对接仰焊工艺	★★★
	2. 低碳钢或低合金钢板对接仰焊操作	★★★
	3. 焊缝质量检查	★★★
低碳钢或低合金钢管单面焊双面成型	1. 低碳钢或低合金钢管的焊接相关知识	★★★
	2. 低碳钢或低合金钢管的焊接操作	★★★
	3. 焊缝质量检查	★★
不锈钢对接水平固定、垂直固定或45°倾斜固定的焊接	1. 不锈钢管焊条电弧焊基本知识	★★
	2. 不锈钢管对接的焊接操作	★★★
	3. 焊缝质量检查	★★
异种钢管对接焊	1. 异种钢焊接的基本知识	★★★
	2. 异种钢管对接的单面焊双面成形焊	★★★
	3. 焊缝质量检查	★★

注："重要程度"中，"★"为级别最低，"★★★"为级别最高。

重点复习提示

一、焊条电弧焊基本知识

1. 熔滴过渡的作用力及影响因素

焊条电弧焊时，影响熔滴过渡的作用力大致可以为分三类：

第一类属于促进熔滴过渡的作用力，如电场纵向力、电弧吹力、电磁收缩力；

第二类属于阻碍熔滴过渡的作用力，如斑点压力；

第三类属于按焊接条件而变化的作用力，即有时促进熔滴过渡，有时则阻碍熔滴过渡，如重力、表面张力。

2. 焊条电弧焊熔滴过渡形式及其特点

焊条电弧焊熔滴过渡形式有三种：短路过渡、滴状过渡和渣壁过渡。

（1）短路过渡

当用较小的焊接电流、较低的电弧电压焊接时，由于电弧很短，就形成稳定的短路过渡过程。短路过渡的特点是电弧稳定，飞溅较小。

（2）滴状过渡

滴状过渡可分为粗滴和细滴过渡两种。粗滴过渡一般呈大颗粒状过渡，飞溅大，电弧不稳定，焊缝表面粗糙，生产中不宜采用；细滴过渡一般采用较大的焊接电流，熔滴尺寸逐渐变小，过渡频率增高，飞溅减小，电弧稳定，焊缝成形好。

（3）渣壁过渡（或称附壁过渡）

渣壁过渡是指熔滴沿着焊条套筒壁向熔池过渡的一种过渡形式。其特点是熔滴颗粒细小，电弧稳定，飞溅小，焊缝表面成形美观。

3. 焊条电弧焊操作工艺

（1）焊条电弧焊的打底焊常用操作工艺

1）灭弧法。灭弧法是利用电弧周期性的"燃弧－灭弧"过程，使母材坡口的钝边金属有规律地熔化成一定尺寸的熔孔，在电弧作用正面熔池的同时，使 $1/3 \sim 2/3$ 的电弧穿过熔孔而形成背面焊缝。灭弧焊法有三种操作方法：即一点击穿法、两点击穿法、三点击穿法。

打底层灭弧焊接操作时，要做到："一看、二听、三准、四短"。

2）连弧法。连弧法在电弧引燃后，焊接过程中电弧连续燃烧，始终保持短弧连续施焊，直至更换焊条时才熄灭电弧。由于连弧焊时，熔池始终处在电弧连续燃烧的保护下，所以焊缝不易产生缺陷，焊缝的力学性能也较好。碱性焊条多采用连弧焊操作方法焊接。

（2）焊条电弧焊焊缝接头方法

1）冷接法。在施焊前，应使用砂轮机或机械方法将焊缝被连接处打磨出斜坡形过渡带，在接头前方 10 mm 处引弧，电弧引燃后稍微拉长一些，然后移到接头处稍作停留，待形成熔池后再继续向前焊接。用这种方法可使接头得到必要的预热，保证熔池中的气体逸出，防止在接头处产生气孔。

2）热接法。热接法是在熔池熔渣尚未完全凝固的状态下，将焊条端头与熔渣接触，在高温热电离的作用下重新引燃电弧后的接头方法，这种接头方法适用于厚板的大电流焊接，它要求焊工更换焊条的动作要特别迅速、准确。如果等到收弧处完全冷却后再接头，则宜采用冷接头操作方法。

4. 焊接质量检验

（1）焊接质量检验的目的

焊接质量检验主要目的是通过对焊接接头或整体结构的检验，发现焊缝和热影响区的各种缺陷，以便做出相应处理，评价产品质量、性能是否达到设计标准及有关规程的要求，以确保产品能安全运行。

（2）焊接质量检验的三个阶段及检验内容

焊接检验一般包括：焊前检验、焊接过程中的检验和成品检验。

1）焊前检验。焊前检验是焊接检验的第一阶段。包括检验技术文件、材料的型号及材质、构件装配和坡口加工的质量、焊接设备及辅助工具和焊接材料去锈烘干准备、焊工操作水平的鉴定等。

2）焊接过程中的检验。焊接过程中的检验是检验的第二阶段。包括检验在焊接过程中焊接参数是否正确，焊接设备运行是否正常，焊接夹具夹紧是否牢固，在操作过程中可能出现的焊接缺陷等。

3）成品检验。成品检验是焊接检验的最后阶段，主要是对焊缝缺陷的检验。通常所指的焊接检验主要是针对成品检验来说的。

（3）外观检验的项目

外观检验是一种常用的、简单的检验方法，以肉眼观察为主，必要时借助样板、焊接检验尺或低倍放大镜等对焊缝外观尺寸、表面缺陷和焊缝成形等进行检验。

通过焊缝外观检验可以发现焊缝尺寸不符合要求、咬边、错边、焊瘤、弧坑、烧穿、裂纹、表面气孔等焊接缺陷，根部焊道的根部裂纹、未焊透、气孔、夹杂等缺陷。

5. 焊缝缺陷及防止措施

焊缝外观缺陷包括：焊缝外形尺寸不符合要求、焊接裂纹、气孔、夹渣、咬边、焊瘤、烧穿、凹坑、未熔合、未焊透等焊接缺陷。

（1）焊缝外形尺寸不符合要求

焊缝外形尺寸包括：焊缝余高、焊缝宽度、焊缝边缘直线度、角变形及错边量等。

产生原因：焊件坡口角度不对，装配质量不好；焊接速度不当或运条手法不正确；焊条角度选择不当或改变；操作技术不熟练。

防止措施：组对时要检查坡口角度是否符合要求，组对间隙要均匀，试件的错边量不得大于 $10\%T$（T 为板厚），且不大于 2 mm；选择合适的焊接速度和正确的运条手法；正确选择焊条角度并在仰焊过程中始终保持不变。

（2）焊接裂纹

在焊接应力及其他致脆因素共同作用下，焊接接头中局部地区的金属原子结合力遭到破坏而形成的新界面所产生的缝隙，称为焊接裂纹。

产生原因：焊接接头冷却太快；结构设计不合理，特别是采用了厚度大、刚性大、高强度钢；焊接顺序和工艺措施不当；焊接材料成分不当等。

防止措施：选择抗裂性好的焊接材料；焊前预热；焊后要注意控制冷却速度；采用合理的焊接顺序；收弧时要填满弧坑等。

（3）气孔

焊接时熔池中的气泡在凝固时未能逸出而残存下来所形成的空穴称为气孔。气孔可分为密集气孔、条虫状气孔和针状气孔等。

产生原因：焊条受潮或未按要求进行烘干；焊条药皮开裂、脱落、变质等；焊件坡口的油、锈、水分未清理干净；焊接参数不当，如焊接电流偏小、焊接速度过快、电弧电压过高；电弧偏吹；碱性焊条引弧和熄弧方法不当；单面焊双面成形打底焊操作不熟练、焊条角度不当等。

防止措施：焊条按规定进行烘干，烘干后的焊条要放入保温筒内随用随取；严格清理坡口面及坡口边缘各 20～30 mm 范围以内的油、锈、污垢等杂质；选择合适的焊接参数，并短弧操作，在风速和湿度较大、潮湿和闷热气候、雨雪环境下，应采取有效防护措施。

（4）夹渣

焊后残留在焊缝的焊渣，称为夹渣。仰焊比平焊容易产生夹渣，夹渣会影响接头的力学性能，并降低耐蚀性能。

产生原因：坡口角度或焊接电流过小；操作不当，如仰焊时，引弧、接头方法和运条手法不当；焊缝层间清渣不彻底，特别是焊缝与坡口两侧之间夹角处的焊渣清除不彻底。

防止措施：焊前检查焊件坡口角度是否符合要求；选择合适的焊接参数；操作要领准确到位；仔细清理焊层之间、焊缝与坡口两侧之间的焊渣。

（5）咬边

由于焊接参数选择不当或操作方法不正确，沿焊趾的母材部位产生的沟槽或凹陷称为咬边。咬边也是仰焊常见缺陷。

产生原因：焊接电流太大、电弧太长、运条速度和运条角度不当、坡口两侧停留时间过短等。

防止措施：选择合适的焊接电流；短弧操作；控制好运条速度和运条角度；焊接时注意坡口两侧要稍作停顿。

（6）焊瘤

焊接过程中，熔化金属流淌到焊缝之外未熔化的母材上所形成的金属瘤称为焊瘤。焊瘤不仅影响焊缝外表美观，而且焊瘤下面常有未焊透缺陷，易造成应力集中。焊瘤是仰焊的常见缺陷。

产生原因：预留间隙过大、焊条角度和运条方法不正确、焊接电流过大或焊接速度太慢等均可引起焊瘤产生。

防止措施：控制预留间隙；选择正确的焊条角度和运条方法；选择合适的焊接参数等。

（7）烧穿

焊接过程中，熔化金属自坡口背面流出形成穿孔的缺陷称为烧穿。

产生原因：焊接电流过大、焊接速度太慢、装配间隙太大或钝边太小等。

防止烧穿措施：选择适当的焊接参数；确保装配质量；仰焊打底层焊接时，要注意避免熔池温度过高等。

（8）凹坑

焊后在焊缝表面或焊缝背面形成的低于母材表面的局部低洼部分称为凹坑。凹坑会减少焊缝有效工作截面，降低焊缝的承载能力。

产生原因：电弧太长、焊条角度不当和装配间隙太大等。

防止措施：注意 V 形坡口仰焊打底层焊接；采用短弧操作，焊条角度和装配间隙要符合要求。

（9）未焊透

焊接时接头根部未完全熔透的现象称为未焊透，对对接焊缝也指焊缝深度未达到设计要求的现象。

产生原因：焊件坡口钝边过大、坡口角度太小、间隙太小；焊根未清理干净；焊条角度不正确；焊接电流过小，焊接速度过快，电弧太长；焊接时存在磁偏吹；坡口未清理干净，焊接位置不佳，可达性不好等。

防止措施：正确选择和加工坡口尺寸，保证合理的装配间隙；选用适当的焊接电流和焊接速度；运条中当遇到电弧偏吹时，应迅速调整焊条角度，以防焊偏等。

（10）未熔合

熔焊时，焊道与母材之间或焊道与焊道之间未完全熔化结合的部分称为未熔合。

产生原因：坡口面有锈垢和污物、焊接电流太小、电弧产生偏吹、焊条摆动幅度太窄等。

防止措施：熟练掌握操作手法；正确选择焊接电流；注意运条角度和边缘停留时间，使坡口边缘充分熔化以保证熔合。

二、低碳钢或低合金钢板对接仰焊

1. 低碳钢或低合金钢板对接仰焊工艺

（1）仰焊特点

仰焊是各种焊接位置中难度最大的一种施焊位置，因为在焊接过程中，熔滴金属、熔池液态金属受重力作用，容易产生下塌，焊缝正面容易形成焊瘤，背面则会出现内凹缺陷，同时流淌的熔化金属飞溅，容易造成烫伤。因此仰焊时在运条方面要比平焊、立焊和横焊的难度大且焊接效率低。

（2）仰焊熔滴过渡形式及影响因素

仰焊时由于熔池倒悬，没有固体金属的承托，使焊缝难以成形。操作时采取短弧焊接，充分利用电弧吹力和等离子流力作用，熔滴以短路过渡形式过渡。在仰焊过程中，熔滴金属的重力将阻碍熔滴向焊缝熔池中过渡，所以只有克服熔滴金属重力的不利影响，才能使熔滴顺利过渡到熔池中去。通过选用小直径焊条、采用小电流、短弧操作等措施来减小熔滴尺寸，以克服熔滴重力的影响，同时在表面张力和电磁收缩力的共同作用下，使熔滴金属在很短的时间内由焊条过渡到熔池中去，促使焊缝成形。

2. 低碳钢或低合金钢板对接仰焊的操作

（1）试件打磨及清理

用角向磨光机将试件两侧坡口面及坡口边缘各 20～30 mm 范围以内的油、污、锈、垢清除干净，使之呈现金属光泽。

（2）试件组对及定位焊

将打磨好的试件装配成 Y 形坡口的对接接头，坡口钝边量为 1～1.5 mm，错边量 ≤0.5 mm，装配间隙的始焊端为 3.2 mm，终焊端为 4 mm。终焊端间隙放大的目的是克服试件在焊接过程中，由于焊缝的横向收缩而使焊缝间隙变小，而影响背面焊缝质量。

装配好试件后，在焊缝的始焊端和终焊端 20 mm 范围内，用 ϕ3.2 mm 的焊条定位焊，定位焊焊缝长度为 10～15 mm（定位焊缝焊在坡口正面或背面），定位焊缝厚度为 3～4 mm，定位焊缝质量要求与正式焊缝一样。试板定位后，要做反变形处理。对于厚度在

12 mm 左右的钢板，反变形角一般为 2～3°即可。

（3）焊接操作

1）打底层焊接。灭弧法焊接操作要点：采用直击法或划擦法引弧；中间焊缝接头的方法可采用热接或冷接方法；运条时，接弧位置要始终保持在坡口根部熔孔一侧的位置上，再次引弧时在坡口根部熔孔另一侧接弧，燃弧、熄弧的频率要快、位置要准，一般燃弧时间为 0.6 s 左右，频率为 60～70 次/min；焊条角度在施焊中与焊接反方向夹角一般为 70°～80°，与两侧夹角各为 90°；更换焊条时要注意提高燃弧、灭弧的频率以填满弧坑，使熔池缓冷而饱满，防止产生缩孔和弧坑裂纹。

连弧法焊接操作要点：在始焊端定位焊缝上引弧，稍加停留，预热母材，然后压低电弧连续焊至坡口间隙处，并将焊条向上给送，待坡口根部形成熔孔时，转入正常焊接；尽量压低电弧，采用小幅度锯齿形摆动，在坡口两侧稍做停留，保证焊缝根部焊透和两侧熔合良好，防止熔池过热使熔池金属下坠，造成焊缝背面下凹，正面出现夹角或焊瘤；收弧时，应使焊条向试件的左或右侧回拉约 10～15 mm，并迅速熄弧，填满弧坑并形成缓坡，以避免在弧坑处产生缩孔和收缩裂纹等缺陷；中间焊缝接头的操作方法与灭弧焊的方法相同。

2）填充层焊接。第一层填充时，稍作横向摆动，选择较大的焊接电流，以利用较大的熔深把打底层的焊接缺陷清除掉。

第二层填充时，焊缝中间焊条摆动速度要稍快，两侧稍做停顿，形成中部凹形且两侧要熔合良好。填充层焊完后的焊缝应比坡口表面低 1～1.5 mm，以使盖面层形成圆滑过渡、高度一致的焊缝。

3）盖面层焊接。盖面焊的关键要控制好盖面层焊缝的外形尺寸，并防止咬边与焊瘤。盖面层施焊前，应将前一层熔渣和飞溅清除干净，待温度降低以后再进行施焊。

（4）焊缝清理

焊缝焊完后，使用清理工具将焊缝表面的焊渣、飞溅物等清理干净，焊缝应保持原始状态。

3. 焊接质量检验

低碳钢或低合金钢管焊缝的质量检查主要是指成品检查，即对焊缝缺陷的检查。它包括焊缝外观检查、焊缝内部检测和弯曲试验。

三、低碳钢或低合金钢管单面焊双面成形

1. 低碳钢或低合金钢管的焊接相关知识

（1）低碳钢管或低合金钢管焊接特点

管子对接焊接位置包括水平转动、水平固定、垂直固定、45°倾斜固定等，一般要求单

面焊双面成形。焊接方法可用手工钨极氩弧焊打底，然后再用焊条电弧焊填充、盖面焊，也可以打底焊、填充和盖面焊均采用焊条电弧焊。

1）水平转动管子对接焊，焊工始终处于平位置焊接。与板状试件平位置焊接所不同的是焊条角度随管子的弧度稍作变化。特点是焊接难度较小，一般很容易掌握。

2）水平固定管子对接焊是空间全位置的焊接，即在焊接过程中需经过仰焊、立焊、平焊等几种位置。通常定位焊缝在时钟 2 点、10 点位置，焊接开始时，在时钟 6 点位置起弧，将环焊缝分为两个半圆，即时钟 6、3、12 点位置和时钟 6、9、12 点位置。焊接过程中，焊条角度变化很大，另外，焊工不易控制熔池形状，焊接过程中，常出现打底层根部第一层焊透程度不均匀，焊道表面凹凸不平的情况，因此操作难度较大。

3）垂直固定管子对接焊缝是一条处于水平位置的环缝，与平板对接横焊类似，焊缝也就属于横焊缝，不同的是横焊缝具有弧度，因而焊条在焊接过程中是随弧度运条焊接的。其特点是：熔池因自重的影响，有由自然下坠而造成上侧咬边的趋势，表面多道焊不易焊得平整美观，常出现凹凸不平的焊缝缺陷；多道焊的运条比较容易掌握，熔池形状变化不大；焊接难度较小，一般比较容易掌握。

4）45°倾斜固定管子对接焊，管子中心线与水平面成 45°角，它是介于垂直固定管和水平固定管之间的一种焊接操作，操作方法与前两种位置焊接有许多共同之处，但有它独特的地方。焊接过程中也将管子分为两个半圆进行（以时钟位置 6 点至 12 点位置分为左右两个半圆），每个半圆都包括斜仰焊、斜立焊和斜平焊三种焊接位置。通常在时钟 6 点位置开始焊接，在时钟 12 点位置收弧 。

（2）熔滴过渡形式及影响因素

由于管子的焊接时焊条角度不断变化的特点，因此无论是哪种位置的焊接，焊条电弧焊必须采用短弧操作，管子对接焊时熔滴也是短路过渡形式。

通过选用小直径焊条、采用小电流、短弧操作等措施来减小熔滴尺寸，以克服熔滴重力的影响，同时在表面张力和电磁压缩力的共同作用下，使熔滴金属在很短的时间内由焊条过渡到熔池中去，促使焊缝成形。

2. 低碳钢或低合金钢管的焊接操作

（1）低碳钢或低合金钢管垂直固定加排管障碍的单面焊双面成形操作

1）试件打磨及清理。用角向磨光机将管件两侧坡口面及坡口边缘各 20～30 mm 范围以内的油、锈、污垢清除干净，使之呈现金属光泽。

2）试件组对及定位焊。将打磨好的管件组对成 Y 形坡口的对接接头，始焊处的组对间隙为 2.5 mm，与始焊处对称位置间隙为 2.0 mm。用 $\phi 2.5$ mm 的焊条（Q235 用 E4303，Q345 用 E5015）定位焊接，两点定位，定位焊缝长度为 5～10 mm，并且不能损坏坡口边缘，定位焊应与正式焊缝焊接质量要求一样。

3）操作要领。采用酸性焊条灭弧焊法进行焊接时，可利用电弧周期性的燃弧—灭弧过程，使母材坡口的钝边金属有规律地熔化成一定尺寸的熔孔，当电弧作用在正面熔池的同时，使 1/3～2/3 的电弧穿过熔孔而形成背面焊道。焊接分为两个半圆，采用两点击穿法。引弧点在时钟 9～10 点中间处，因有障碍管影响焊条的运条，所以，焊工在时钟 9～10 点处，将焊条穿过障碍管与被焊管之间的间隙，调整好焊条的角度，尽量在时钟 9～10 点处起弧。焊接方向是从左向右（即从时钟 9～10 点处起弧，经过时钟 10 点钟→11 点钟→12 点钟→在 12～1 点钟位置熄弧）逐点将熔化的金属送到坡口根部，然后迅速向侧后方灭弧。焊接时应注意保持焊缝熔池形状与大小基本一致，焊接速度要均匀，并保持脱渣性良好、铁水清晰明亮。

采用碱性焊条的连弧焊进行焊接时，打底层采用左焊法，便于焊工观察熔池，由于有两个障碍管，所以从时钟 9 点或 3 点位置起弧焊接，有利于越过时钟 12 点或 6 点位置，引弧时将焊条尽量向坡口根部送进。正式焊接时，把管子分为两个半圆在时钟 9 点位置引弧，沿时钟 10 点向 1 点方向焊接在时钟 12 点与 1 点之间熄弧，再由熄弧处引弧经过时钟 6 点至 7 点处焊接到时钟 9 点位置熄弧，完成打底层焊接。盖面层有上下两道焊缝，第一道焊缝是焊在下坡口上，第二道焊缝是焊在上坡口上。运条方法采用直线运条，焊条在焊接过程中不摆动。盖面层焊缝的焊接顺序是：自左向右，自下而上，与打底层焊缝一样，分为两个半圆进行焊接。焊接时仍采用短弧操作。

（2）低碳钢或低合金钢管 45°固定加排管障碍的单面焊双面成形操作

1）试件打磨及清理。用角向磨光机将管件两侧坡口面及坡口边缘各 20～30 mm 范围以内的油、锈、污垢清除干净，使之呈现金属光泽。

2）试件组对及定位焊。将打磨好的管件组对成 Y 形坡口的对接接头，始焊处的组对间隙的为 2.5 mm，与始焊处对称位置的间隙为 2.0 mm。

用 $\phi2.5$ mm 的焊条（Q235 用 E4303，Q345 用 E5015）定位焊接，两点定位，定位焊缝长度为 5～10 mm，并且不能损坏坡口边缘，定位焊应与正式焊缝焊接质量要求一样。

3）操作要领。小管 45°固定的焊接与水平固定一样分为前后两个半圈进行焊接，它包括斜仰位、斜仰爬坡位、斜立位、斜立爬坡位和斜平位五种位置的焊接。采用灭弧逐点法进行打底层的焊接。施焊时，先从时钟 6 点处起焊经时钟 9 点到 12 点的方向焊接，然后从时钟 6 点经 3 点焊到 12 点位置。先从时钟 6 点处起焊，用直击法或划擦法在上坡口处引弧。仰焊及仰焊爬坡部位是 45°管焊接时难度最大的部位，仰焊时电弧全部在坡口背面燃烧，坡口上侧稍做停顿，下侧熔合即收，动作要迅速。熔池要重叠 1/3，焊接到立焊平焊部位时焊条端部位置要适当后移，前后熔池要重叠 1/2，到平焊部位时前后熔池要重叠 2/3，以保证背面焊缝高度均匀、一致，正面仰低平高的焊缝，为盖面焊接打好基础。盖面层施焊前，应将封底层的熔渣和飞溅清除干净，焊缝接头处打磨平整。引弧前先观察坡口的深度和宽度，然后从时钟6点处用直击法或划擦法在上坡口处引弧，用长弧稍作预热，然后转入连弧焊接，焊接方向同打底焊。

四、不锈钢对接水平固定、垂直固定或45°倾斜固定的焊接

1. 奥氏体不锈钢的焊接

奥氏体不锈钢焊接的主要问题是晶间腐蚀和热裂纹。

（1）防止晶间腐蚀的措施。在焊接热循环过程中母材与焊缝金属的局部区域在危险温度范围内停留，或者母材及填充材料选择不当或焊接工艺选择不当，焊接接头产生晶间腐蚀。晶间腐蚀是奥氏体不锈钢最危险的一种破坏形式。

从焊接工艺方面，采用尽可能快的焊接速度；焊条最好不做横向摆动；多道焊时，等前一道焊缝冷却到60℃以下时，再焊下一道；与腐蚀介质接触的焊缝最后焊接等。

在材料的选择方面，首先应根据设计要求采用适当牌号的母材，必要时按设计要求对母材及焊接接头进行晶间腐蚀检验。

（2）防止热裂纹的措施。如果选材不当或焊接工艺不当时，奥氏体不锈钢焊接也可能产生热裂纹。在生产上，除了保证焊缝为双相组织外，必要时还可以采取下列措施防止热裂纹：采用低氢型焊条能促使焊缝金属晶粒细化，减少焊缝中有害杂质，提高焊缝的抗裂性；采取尽可能快的焊速，等待焊层冷却后再焊下一道，以减少焊缝过热，增强焊缝抗热裂纹的能力；焊接结束或中断时，收弧要慢，弧坑要填满，以防止弧坑裂纹。

2. 马氏体不锈钢的焊接

马氏体不锈钢焊接的主要问题是热影响区脆化和焊接冷裂纹。

（1）热影响区脆化。常见马氏体不锈钢均有脆硬倾向，并且含碳量越高，脆硬倾向越大。焊接碳含量较高，铬含量较低的马氏体不锈钢时，常见问题是热影响区脆化和冷裂纹。

防止热影响区脆化的措施有：正确选择预热温度，预热温度不应超过450℃，以避免产生475℃脆化；合理选择焊接材料调整焊缝的成分，尽可能避免焊缝中产生粗大铁素体。

（2）焊接冷裂纹。马氏体不锈钢含铬量高，固溶空冷后会产生马氏体转变。焊接时近缝区和焊接热影响区的组织为硬而脆的马氏体组织。随着淬硬倾向的增大，接头对冷裂纹更加敏感，尤其当焊接接头刚度大或有氢存在时，马氏体不锈钢更易产生延迟裂纹。

防止冷裂纹的措施有：正确选择焊接材料；焊前预热，预热温度可根据工件的厚度和刚性大小来决定，一般为200～400℃；采用较大的焊接电流，提高焊接线能量，减缓冷却速度；进行焊后热处理，以消除焊接残余应力，去除接头中扩散氢，同时也可以改善接头的组

织和性能。

3. 奥氏体＋铁素体不锈钢的焊接

所谓铁素体奥氏体双相不锈钢是指铁素体与奥氏体各占 50％ 的不锈钢。在腐蚀性能方面，特别是在介质环境比较恶劣的条件下，双相不锈钢的耐点蚀、缝隙腐蚀、应力腐蚀及腐蚀疲劳性能明显优于通常的 Cr－Ni 及 Cr－Ni－Mo 奥氏体型不锈钢。

双相不锈钢具有良好的焊接性，如果在 300～500℃ 范围内存在时间较长时，将发生"475℃脆性"。当拘束度较大及焊缝金属含氢量较高时，还存在焊缝氢致裂纹的危险。因此，在焊接材料选择与焊接过程中应控制氢的来源。

五、异种钢焊接

1. 异种钢焊接的基本知识

（1）异种钢焊接的分类

异种金属的焊接，是指各种母材的物理常数和金属组织等性质各不相同的金属之间的焊接。

异种钢焊接基本上可以分为两大类：一类为金属组织相同而化学成分不同的焊接；另一类为组织和化学成分都不相同的钢焊接。

常见组合为不同珠光体钢的焊接；不同铁素体钢、铁素体一马氏体钢的焊接；不同奥氏体钢、奥氏体一铁索体钢的焊接；珠光体钢与铁素体钢、铁素体一马氏体钢的焊接；珠光体钢与奥氏体钢、奥氏体一铁索体钢的焊接；铁素体钢、铁素体一马氏体钢与奥氏体钢、奥氏体一铁素体钢的焊接等。

（2）异种钢焊接的工艺特点

1）异种钢焊接的难点。异种钢之间性能上的差别可能很大，其突出的问题是焊接接头的化学成分不均匀性及由此引起的组织不均匀性和界面组织的不稳定，以及力学性能的复杂性等给焊接工艺带来很大困难。

2）焊接方法的选择。大部分焊接方法都可用于异种钢的焊接。焊条电弧焊，由于适应性强，且焊条种类多，选用较多。

3）焊接材料的选择。异种钢熔焊主要考虑的是焊缝金属的成分和性能。焊缝金属的成分取决于填充金属的成分、母材的成分及稀释率。焊接材料的选择原则：接头性能达到设计要求；焊接材料在稀释率、熔化温度和其他物理性能等方面能保证焊接性需要；在保证接头无裂纹等缺陷前提下，当强度和塑性不能兼顾时，则优先选择塑性好的焊接材料；焊接材料应经济、工艺性良好、焊缝成形美观。

4）坡口角度。坡口角度的选择主要依据母材厚度和熔合比，坡口角度越大，熔合比越小。异种钢焊接原则上希望熔合比越小越好，以尽量减少焊缝金属的化学成分和性能的波动。

5）焊接参数。异种钢焊接时，尽量减小稀释率（即熔合比）。焊接参数对稀释率有直接影响，焊接热输入越大，母材熔入焊缝越多，则稀释越大。为了减少焊缝金属的稀释率，一般采用小电流和高焊接速度进行焊接。

6）过渡层的采用。异种钢焊接前，在其中一种钢的坡口上堆焊过渡层，不仅可以基本消除扩散层，而且可以减少熔合区产生裂纹的倾向。对于无淬硬倾向的钢来说，过渡层厚度约为 5～6 mm；而对于易淬硬钢来说，则为 8～9 mm。

7）焊前预热及焊后热处理。

（3）珠光体钢与奥氏体不锈钢的焊接

1）焊缝金属的稀释。一般情况下，选择焊材时可以根据舍夫勒组织图，按照熔合比来估算，以获得纯奥氏体或奥氏体加少量铁素体组织的焊缝成分。

2）过渡区形成硬化层。焊缝金属受到母材金属的稀释作用，往往会在焊接接头过热区产生脆性的马氏体组织，正是这种脆硬组织形成的硬化层，容易导致焊接裂纹的产生。

3）碳迁移形成扩散层

在焊接热处理或使用过程中长时间处于高温时，由于熔合线两侧的成分相差悬殊，组织也不同，会发生某些合金元素的扩散，珠光体钢与奥氏体钢界面附近发生碳迁移，结果在珠光体钢一侧形成脱碳层，发生软化，奥氏体钢一侧形成增碳层，发生硬化。

4）产生较大的焊接残余应力。由于珠光体钢与奥氏体钢的线胀系数不同，焊后冷却时收缩量的差异，必然导致这类接头产生较大的焊接残余应力（热处理也难以消除）。

（4）珠光体钢与奥氏体不锈钢的焊接工艺特点

1）焊接方法的选择。这类异种钢焊接时应注意选用熔合比小、稀释率低的焊接方法。如焊条电弧焊、熔化极气体保护焊都比较合适。埋弧焊则需要注意限制热输入。

2）焊接材料的选择。正确选择焊接材料是异种钢焊接时的关键，接头质量和性能与焊接材料关系十分密切。必须按照母材的成分性能接头形式和使用要求正确地选择焊接材料。

3）焊接工艺要点。为了减小熔合比，应尽量选用小直径的焊条，并选用小电流、快焊速；如果珠光体钢有淬硬倾向，应适当预热，其预热温度应比珠光体钢同种材料焊接时略低一些。

2. 异种钢管对接单面焊双面成形操作（与低碳钢、低合金钢、不锈钢管操作方法相似）

辅导练习题

一、判断题（下列判断正确的请在括号中打"√"，错误的请在括号内打"×"）

1. 焊条焊芯（焊丝）端部熔化后的金属呈液态熔滴形式过渡到熔池中，这一过程叫过渡。　（　　）

2. 斑点压力是促进熔滴过渡的作用力。　（　　）

3. 在立焊、仰焊和横焊时，熔滴重力熔滴顺利向熔池过渡。　（　　）

4. 电磁收缩力、等离子流力对于任何空间位置的焊缝都有助于熔滴顺利过渡到熔池。　（　　）

5. 平焊时，金属熔滴重力有利于熔滴过渡到熔池中。　（　　）

6. 表面张力可以克服重力影响而使熔滴和熔池中液态金属不易滴落，有利于仰焊时熔滴过渡。　（　　）

7. 短路过渡的特点是电弧不稳定，飞溅较大。　（　　）

8. 当用较小的焊接电流、较低的电弧电压焊接时，能形成短路过渡。　（　　）

9. 渣壁过渡是指熔滴沿着焊条套筒壁向熔池过渡的一种过渡形式。　（　　）

10. 粗滴过渡一般呈大颗粒状过渡，飞溅大、电弧不稳定、焊缝表面粗糙，生产中不宜采用。　（　　）

11. 由于连弧焊时，熔池始终处在电弧连续燃烧的保护下，所以焊缝不易产生缺陷，焊缝的力学性能也较好。　（　　）

12. 碱性焊条不宜采用连弧焊操作方法焊接。　（　　）

13. 焊接检验一般包括焊前检验、焊接过程中检验和成品检验。　（　　）

14. 通常所指的焊接检验只针对成品检验，主要是对焊缝缺陷的检验。　（　　）

15. 外观检查主要是对焊缝缺陷进行检查。　（　　）

16. 对低合金高强度钢焊接接头宜进行两次检查，一次在焊后即检查，另一次隔5～10天后再检查。　（　　）

17. 对含 Cr、Ni 和 V 元素的高强钢或耐热钢若需作消除应力热处理，处理后也要观察是否产生再热裂纹。　（　　）

18. 焊件坡口的油、锈、水分清理干净后，就不会产生气孔了。　（　　）

19. 采用碱性焊条焊接时，对油、锈等更敏感，更容易产生气孔。　（　　）

20. 仰焊时，装配间隙过大、焊接电流过大、焊接速度太慢等均可引起焊瘤产生。　（　　）

21. 熔焊时，焊道与母材之间或焊道与焊道之间，未完全熔化结合的部分称为未焊透。

                （ ）

22. 焊条电弧焊仰焊比平焊容易产生夹渣。   （ ）

23. 沿焊趾的母材部位产生的沟槽或凹陷称为咬边。   （ ）

24. V形坡口仰焊打底层焊接时，在坡口背面容易产生凹坑缺陷。 （ ）

25. 仰焊焊缝背面容易形成焊瘤，正面则会出现内凹缺陷。   （ ）

26. 冷弯试验时，当试件达到规定角度后，拉伸面上会出现长度不超过 3 mm，宽度不超过 1.5 mm 的裂纹为合格。   （ ）

27. 晶间腐蚀是奥氏体不锈钢最危险的一种破坏形式，防止焊接接头出现晶间腐蚀是非常必要的。   （ ）

28. 当采用熔敷金属为奥氏体—铁素体双相组织的焊条焊接奥氏体不锈钢时，热裂纹倾向较大。   （ ）

29. 奥氏体不锈钢多道焊时，应在前一道焊缝冷却到 60℃ 以下时，再焊下一道。（ ）

30. 奥氏体不锈钢焊接时，与腐蚀介质接触的焊缝应最先焊接。 （ ）

31. 马氏体不锈钢含铬量高，固溶空冷后会产生马氏体转变，接头对冷裂纹更加敏感。

                （ ）

32. 焊接结束或中断时，收弧要慢，弧坑要填满，以防止弧坑裂纹。 （ ）

33. 所谓异种金属的焊接，是指各种母材的物理常数和金属组织等性质各不相同的金属之间的焊接。   （ ）

34. 异种钢之间性能虽然差别可能很大，但与同种钢相比，异种钢焊接却容易很多。

                （ ）

35. 由于焊条电弧焊适应性强，且焊条种类多，所以焊条电弧焊焊接异种钢较好。

                （ ）

36. 在低碳钢与普通低合金钢焊接时，要根据普通低合金钢选择预热温度。 （ ）

二、单项选择题（下列每题有 4 个选项，其中只有 1 个是正确的，请将其代号填写在横线空白处）

1. 焊条电弧焊熔滴过渡的形式有滴状过渡、_____和渣壁过渡三种。
  A. 短路过渡   B. 喷射过渡   C. 旋转喷射过渡 D. 细颗粒短路过渡

2. 不论何种焊缝位置，_____都是有利于熔滴金属过渡的力。
  A. 重力   B. 表面张力   C. 斑点压力   D. 电磁收缩力

3. 不论何种焊缝位置，_____都是阻碍熔滴金属过渡的力。
  A. 重力   B. 电弧吹力   C. 斑点压力   D. 等离子流力

4. 形成稳定短路过渡的条件是_____。

    A. 大电流、低电弧电压　　　　　　　　B. 小电流、高电弧电压

    C. 小电流、低电弧电压　　　　　　　　D. 大电流、高电弧电压

5. 短路过渡的特点是_____。

    A. 电弧稳定，飞溅较小　　　　　　　　B. 电弧不稳定，飞溅较大

    C. 电弧稳定，过渡频率高　　　　　　　D. 熔滴颗粒细小，过渡频率高

6. _____不是产生气孔的原因。

    A. 焊条受潮　　　　　　　　　　　　　B. 焊条药皮开裂、脱落、变质

    C. 焊件坡口的油、锈、水分未清理干净　D. 短弧焊接

7. _____不是产生未焊透的原因。

    A. 坡口钝边过大，间隙太小　　　　　　B. 焊接电流过小，焊接速度过快

    C. 短弧焊接　　　　　　　　　　　　　D. 焊接时电弧磁偏吹

8. _____不是产生咬边的原因。

    A. 坡口钝边过大，间隙太小　　　　　　B. 焊接电流过大，焊接速度过快

    C. 电弧过长　　　　　　　　　　　　　D. 运条速度和运条角度不当

9. 熔焊时，焊道与母材之间或焊道与焊道之间，未完全熔化结合的部分称为_____。

    A. 未焊透　　　　　B. 未熔合　　　　　C. 夹渣　　　　　D. 焊瘤

10. 弯曲试验也叫冷弯试验，是测定焊接接头弯曲时的_____的一种试验方法，也是检验接头质量的一个方法。

    A. 强度　　　　　　B. 冲击韧性　　　　C. 塑性　　　　　D. 疲劳强度

11. 弯曲试验时，当试件达到规定角度后，拉伸面上出现长度不超过_____ mm，宽度不超过1.5 mm的裂纹为合格。

    A. 2　　　　　　　B. 3　　　　　　　C. 1　　　　　　D. 1.5

12. 奥氏体不锈钢焊接的主要问题是_____和热裂纹。

    A. 晶间腐蚀　　　　B. 冷裂纹　　　　　C. 塑性太差　　　D. 韧性太差

13. 奥氏体不锈钢焊接时，与腐蚀介质接触的焊缝_____焊接。

    A. 最先　　　　　　B. 中间　　　　　　C. 最后　　　　　D. 立即

14. 奥氏体不锈钢焊条电弧焊时，焊接电流要比同直径的低碳钢焊条小_____。

    A. 5%～10%　　　B. 10%～20%　　　C. 20%～30%　　D. 30%～40%

15. 由于奥氏体不锈钢的热导率较小（约为低碳钢的1/3），而线膨胀系数比低碳钢大50%，所以奥氏体不锈钢焊接变形较碳钢_____。

    A. 大　　　　　　　B. 小　　　　　　　C. 差不多　　　　D. 小很多

16. 焊接碳含量较高，铬含量较低的马氏体不锈钢时，常见问题是热影响区脆化和_____。

    A. 晶间腐蚀　　　　　B. 冷裂纹　　　　　C. 热裂纹　　　　　D. 层状撕裂

17. 双相不锈钢的耐点蚀、缝隙腐蚀、应力腐蚀及腐蚀疲劳性能明显_____通常的 Cr－Ni 及 Cr－Ni－Mo 奥氏体型不锈钢。

    A. 不及　　　　　　　B. 优于　　　　　　C. 低于　　　　　　D. 差不多

18. 对于双相不锈钢，由于铁素体含量约达 50%，因此存在高 Cr 铁素体钢所固有的_____。

    A. 软化倾向　　　　　B. 冷裂纹倾向　　　C. 热裂纹倾向　　　D. 脆化倾向

19. 当焊接接头刚度大或有氢存在时，马氏体不锈钢更易产生_____。

    A. 热裂纹　　　　　　B. 再热裂纹　　　　C. 延迟裂纹　　　　D. 应力裂纹

20. 对于焊接含镍较少，含铬、钼、钨或钒较多的马氏体不锈钢，焊后除了获得马氏体组织外，还形成一定量的_____组织。

    A. 铁素体　　　　　　B. 珠光体　　　　　C. 奥氏体　　　　　D. 索氏体

21. 马氏体不锈钢焊接时，预热温度可根据工件的厚度和刚性大小来决定，一般为_____℃。

    A. 100～200　　　　B. 150～200　　　C. 200～400　　　D. 400～600

22. 马氏体不锈钢焊接时，应采用_____，减缓冷却速度，以提高焊接线能量。

    A. 较大的焊接电流　　　　　　　　　B. 较小的焊接电流

    C. 较低电弧电压　　　　　　　　　　D. 较高电弧电压

23. 异种钢之间性能上的差别可能很大，与同种钢相比，异种钢焊接_____。

    A. 更容易　　　　　　B. 更困难　　　　　C. 一样　　　　　　D. 差不多

24. 焊缝金属的成分取决于填充金属的成分、母材的成分及_____。

    A. 熔敷率　　　　　　B. 熔化率　　　　　C. 稀释率　　　　　D. 热导率

25. 为了减少焊缝金属的稀释率，一般采用_____进行焊接。

    A. 较大的焊接电流，低速　　　　　　B. 较小的焊接电流，高速

    C. 较大的焊接电流，高速　　　　　　D. 较小的焊接电流，低速

26. 过渡层的厚度依照异种钢的淬硬倾向而定，对于易淬硬钢来说，过渡层的厚度则为_____ mm。

    A. 3～5　　　　　　　B. 5～6　　　　　　C. 7～8　　　　　　D. 8～9

27. 对于焊后不能立即进行回火热处理的，应及时进行后热处理：加热温度_____℃，保温 2～6 h。

A. 150～250　　　　B. 250～350　　　　C. 350～450　　　　D. 450～550

28. 对于普通低合金钢与珠光体耐热钢的焊接接头，应按珠光体耐热钢的热处理规范，焊后必须及时进行_____热处理。

　　A. 退火　　　　　　B. 正火　　　　　　C. 回火　　　　　　D. 调质

29. 珠光体钢与奥氏体不锈钢的焊接时，焊缝金属受到母材金属的稀释作用，往往会在焊接接头过热区产生脆性的_____组织。

　　A. 铁素体　　　　　B. 珠光体　　　　　C. 奥氏体　　　　　D. 马氏体

30. 珠光体钢与普通奥氏体不锈钢（Cr/Ni＞1）焊接时，为避免出现热裂纹，应使焊缝中含体积分数为_____的铁素体组织。

　　A. 3％～5％　　　B. 3％～7％　　　C. 5％～10％　　　D. 10％～20％

31. 珠光体钢与奥氏体不锈钢的焊接时，如果珠光体钢有淬硬倾向，应适当预热，其预热温度应比珠光体钢同种材料焊接时_____一些。

　　A. 高　　　　　　　B. 略高　　　　　　C. 略低　　　　　　D. 更低

32. 焊接参数对_____有直接影响，焊接热输入越大，母材熔入焊缝越多，则越大。

　　A. 熔敷率　　　　　B. 熔化率　　　　　C. 稀释率　　　　　D. 热导率

33. 焊缝金属的成分取决于填充金属的成分、_____及稀释率。

　　A. 焊接材料成分　　B. 母材成分　　　　C. 母材的组织　　　D. 填充金属的组织

34. 一般情况下，坡口角度越大，熔合比_____。

　　A. 越高　　　　　　B. 越小　　　　　　C. 越大　　　　　　D. 不变

35. 对于珠光体钢与奥氏体不锈钢的焊接，如焊后进行回火热处理，对接头性能是_____的。

　　A. 有利　　　　　　B. 有害　　　　　　C. 没影响　　　　　D. 影响不大

36. 异种钢焊接，原则上希望熔合比_____越好。

　　A. 越高　　　　　　B. 不变　　　　　　C. 越大　　　　　　D. 越小

37. 内部检测是检测焊缝内部的裂纹、气孔、夹渣、未焊透等缺陷，通常采用_____探伤。

　　A. 着色　　　　　　B. 磁粉　　　　　　C. 荧光　　　　　　D. 射线

38. 碱性焊条引弧部位易产生_____气孔，应采用划擦法引弧。

　　A. 蜂窝状　　　　　B. 针状　　　　　　C. 条虫状　　　　　D. 螺钉状

39. _____不是产生焊瘤的原因。

　　A. 间隙太大　　　　　　　　　　　　B. 焊接电流过大，焊接速度过慢

　　C. 短弧焊　　　　　　　　　　　　　D. 焊条角度和运条方法不正确

40. 焊后在焊缝表面或焊缝背面形成的低于母材表面的局部低洼部分，称为_____。

    A. 未焊透   B. 未熔合   C. 焊瘤   D. 凹坑

41. 焊条电弧焊仰焊熔滴过渡采用_____形式过渡。

    A. 短路过渡   B. 喷射过渡   C. 渣壁过渡   D. 粗滴过渡

42. 弯曲试验分正弯、背弯和侧弯三种，背弯易于发现焊缝根部缺陷；侧弯能检验焊层与母材之间的结合_____。

    A. 硬度   B. 冲击韧性   C. 塑性   D. 强度

43. _____是奥氏体不锈钢最危险的一种破坏形式。

    A. 热裂纹   B. 晶间腐蚀   C. 延迟裂纹   D. 应力裂纹

44. 焊接马氏体不锈钢时，正确选择预热温度，预热温度不应超过_____℃。

    A. 750   B. 650   C. 550   D. 450

45. 异种钢焊接要求焊缝金属化学性能及耐热性能等其他性能不低于母材中性能要求_____一侧的指标。

    A. 较高   B. 较低   C. 等于   D. 相近

三、多项选择题（下列每题中的多个选项中，至少有2个是正确的，请将正确答案的代号填在横线空白处）

1. 下列作用力_____在任何情况下都是促进熔滴过渡的作用力。

    A. 等离子流力   B. 电弧吹力   C. 斑点压力

    D. 电磁收缩力   E. 表面张力   F. 重力

2. 焊条电弧焊时，细滴过渡一般采用较大的焊接电流焊接其特点有_____。

    A. 熔滴尺寸小   B. 过渡频率高   C. 飞溅减小

    D. 电弧稳定   E. 焊缝成形好   F. 焊缝成形差

3. 焊前检验是焊接检验的第____阶段，检验内容有_____等。

    A. 焊接工艺规程   B. 焊接材料的型号

    C. 构件装配和坡口加工的质量   D. 焊接产品图样

    E. 焊接设备   F. 焊工操作水平

4. 焊接过程中的检验是检验的第二阶段，检验内容有_____等。

    A. 焊接参数   B. 焊接材料的型号   C. 焊接设备运行情况

    D. 焊接夹具   E. 焊接缺陷   F. 焊工操作水平

5. 焊缝外形尺寸检验项目包括：_____等。

    A. 焊缝余高   B. 焊缝宽度   C. 焊缝边缘直线度

    D. 角变形   E. 错边量   F. 焊件厚度

6. 产生气孔的原因可能有_____等。

    A. 焊件坡口未清理   B. 电弧偏吹   C. 焊条受潮

    D. 焊条药皮变质   E. 焊接电流偏小   F. 焊接速度过快

7. 产生夹渣的原因可能有_____等。

    A. 焊接电流过小   B. 运条手法不当   C. 焊缝层间清渣不彻底

    D. 坡口角度过小   E. 焊接电流过大   F. 焊接速度过慢

8. 产生咬边的原因主要有_____等。

    A. 焊接电流太大   B. 电弧太长   C. 运条角度不当

    D. 运条速度太快   E. 焊接电流偏小   F. 焊接速度慢

9. 产生未焊透的原因主要有_____等。

    A. 焊接电流过大   B. 坡口钝边过大   C. 预留间隙太小

    D. 焊接电流过小   E. 焊接速度过快   F. 电弧太长

10. 产生烧穿的原因主要有_____等。

    A. 焊接电流太小   B. 坡口钝边过小   C. 预留间隙太大

    D. 焊接电流过大   E. 焊接速度太慢   F. 电弧太长

11. 焊接奥氏体不锈钢时，为防止焊接接头出现晶间腐蚀，应尽量采取的措施有_____。

    A. 较快的焊接速度   B. 焊条不做横向摆动

    C. 与腐蚀介质接触的焊缝最后焊接

    D. 较小的焊接电流   E. 较慢的焊接速   F. 短弧焊接

12. 焊条焊接奥氏体不锈钢时，热裂纹倾向一般是不大的。但是有时也会出现热裂纹，必要时还防止热裂纹可以采取下列措施：_____等。

    A. 保证焊缝为双相组织   B. 采用低氢型焊条   C. 尽可能快的焊速

    D. 弧坑要填满   E. 降低线能量   F. 大电流、慢速焊

13. 焊接碳含量较高，铬含量较低的马氏体不锈钢时，常见问题是_____。

    A. 热影响区软化倾向   B. 热影响区冷裂纹倾向   C. 焊缝热裂纹倾向

    D. 热影响区脆化   E. 焊缝软化   F. 焊缝冷裂纹倾向

14. 根据金相组织，钢材可以分为_____等几类。

    A. 珠光体钢   B. 铁素体钢   C. 铁素体—马氏体钢

    D. 奥氏体钢   E. 奥氏体—铁素体钢   F. 莱氏体钢

15. 大部分焊接方法如_____等都可用于异种钢的焊接，只是在焊接参数及措施方面需要考虑异种钢的特点。

A. 焊条电弧焊　　　　　　B. 钨极氩弧焊　　　　　　C. 熔化极氩弧焊

D. 摩擦焊　　　　　　　　E. 钎焊　　　　　　　　　F. 扩散焊

16. 异种钢熔焊主要考虑的是焊缝金属的成分和性能。焊缝金属的成分取决于_____。

A. 焊条直径　　　　　　　B. 焊丝型号　　　　　　　C. 焊条型号

D. 母材成分　　　　　　　E. 稀释率　　　　　　　　F. 焊接层次

17. 为了减小熔合比，应尽量采取的措施有_____。

A. 小直径的焊条　　　　　B. 小电流　　　　　　　　C. 快焊速

D. 大电流　　　　　　　　E. 较大坡口角度　　　　　F. 慢焊速

18. 珠光体钢与奥氏体不锈钢焊接时，为保证质量必须考虑的问题是_____。

A. 焊缝金属的稀释　　　　B. 过渡区形成硬化　　　　C. 脱碳层

D. 增碳层　　　　　　　　E. 接头残余应力　　　　　F. 焊接层次

19. 异种钢焊接工艺要点有_____等。

A. 减小熔合比　　　　　　B. 尽量选用小直径的焊条　　C. 小电流、快焊速

D. 大热输入　　　　　　　E. 大电流，横向摆动焊条

20. Q235 珠光体钢与 12Cr18Ni9 奥氏体不锈钢焊接时，适宜选用的焊条有_____等。

A. E4303　　　　　　　　B. E309－16　　　　　　　C. E310－16

D. E308－16　　　　　　　E. E5015　　　　　　　　F. E309－15

参考答案及说明

一、判断题

1. √

2. ×。不论何种情况斑点压力都是阻碍熔滴过渡的作用力。

3. ×。在立焊、仰焊和横焊时，熔滴重力会阻碍熔滴顺利向熔池过渡。

4. √　　5. √　　6. √

7. ×。焊接采用短路过渡时电弧稳定，飞溅较小。

8. √　　9. √　　10. √　　11. √

12. ×。碱性焊条宜采用连弧焊操作方法焊接。

13. √　　14. √

15. ×。外观检查主要对焊缝外观尺寸、表面缺陷和焊缝成形进行检查

16. ×。对低合金高强度钢焊接接头宜进行两次检查，一次在焊后即检查，另一次隔 15～30 天后再检查。

17. √

18. ×。影响产生气孔的因素很多，除油、锈、水分未清理干净外，还有焊接材料、焊接参数等。

19. √　20. √

21. ×。熔焊时，焊道与母材之间或焊道与焊道之间，未完全熔化结合的部分称为未熔合。

22. √　23. √　24. √

25. ×。仰焊焊缝正面容易形成焊瘤，背面则会出现内凹缺陷。

26. √　27. √

28. ×。当采用熔敷金属为奥氏体—铁素体双相组织的焊条焊接奥氏体不锈钢时，热裂纹倾向一般不大。

29. √

30. ×。奥氏体不锈钢焊接时，与腐蚀介质接触的焊缝最后焊接，以防止晶间腐蚀的发生。

31. √　32. √　33. √

34. ×。异种钢之间性能上的差别可能很大，与同种钢相比，异种钢焊接的困难很多。

35. √　36. √

二、单项选择题

1. A。焊条电弧焊熔滴过渡的形式有滴状过渡、短路过渡和渣壁过渡三种。

2. D。不论何种焊缝位置，电磁收缩力都是有利于熔滴金属过渡的力。

3. C。不论何种焊缝位置，斑点压力都是阻碍熔滴金属过渡的力。

4. C。形成稳定短路过渡的条件是小电流、低电弧电压。

5. A。短路过渡的特点是电弧稳定，飞溅较小。

6. D。短弧焊接不是产生气孔的原因。

7. C。短弧焊接不是产生未焊透的原因。

8. A。坡口钝边过大，间隙太小不是产生咬边的原因。

9. B。熔焊时，焊道与母材之间或焊道与焊道之间，未完全熔化结合的部分称为未熔合。

10. C。弯曲试验，是测定焊接接头弯曲时塑性的一种试验方法，也是检验接头质量的一个方法。

11. B。弯曲试验时，当试件达到规定角度后，拉伸面上出现长度不超过 3 mm，宽度不超过 1.5 mm 的裂纹为合格。

12. A。奥氏体不锈钢焊接的主要问题是晶间腐蚀和热裂纹。

13. C。奥氏体不锈钢焊接时，与腐蚀介质接触的焊缝最后焊接。

14. B。奥氏体不锈钢焊条电弧焊时，焊接电流要比同直径的低碳钢焊条小 $10\%\sim20\%$。

15. A。奥氏体不锈钢焊接变形较碳钢大。

16. B。焊接碳含量较高，铬含量较低的马氏体不锈钢时，常见问题是热影响区脆化和冷裂纹。

17. B。双相不锈钢的耐点蚀、缝隙腐蚀、应力腐蚀及腐蚀疲劳性能明显优于通常的 Cr-Ni 及 Cr-Ni-Mo 奥氏体型不锈钢。

18. D。对于双相不锈钢，由于铁素体含量约达 50%，因此存在高 Cr 铁素体钢所固有的脆化倾向。

19. C。当焊接接头刚度大或有氢存在时，马氏体不锈钢更易产生延迟裂纹。

20. A。对于焊接含镍较少，含铬、钼、钨或钒较多的马氏体不锈钢，焊后除了获得马氏体组织外，还形成一定量的铁素体组织。

21. C。马氏体不锈钢焊接时，预热温度可根据工件的厚度和刚性大小来决定，一般为 $200\sim400℃$。

22. A。马氏体不锈钢焊接时，应采用较大的焊接电流，减缓冷却速度，以提高焊接线能量。

23. B。异种钢之间性能上的差别可能很大，与同种钢相比，异种钢焊接的困难很多。

24. C。焊缝金属的成分取决于填充金属的成分、母材的成分及稀释率。

25. B。为了减少焊缝金属的稀释率，一般采用小电流和高焊接速度进行焊接。

26. D。过渡层的厚度依照异种钢的淬硬倾向而定，对于易淬硬钢来说，则为 $8\sim9$ mm。

27. B。对于焊后不能立即进行回火热处理的，应及时进行后热处理：加热温度 $250\sim350℃$，保温 $2\sim6$ h。

28. C。对于普通低合金钢与珠光体耐热钢的焊接接头，应按珠光体耐热钢的热处理规范，焊后必须及时进行回火热处理。

29. D。珠光体钢与奥氏体不锈钢的焊接时，焊缝金属受到母材金属的稀释作用，往往会在焊接接头过热区产生脆性的马氏体组织。

30. B。珠光体钢与普通奥氏体不锈钢（Cr/Ni＞1）焊接时，为避免出现热裂纹，应使焊缝中含体积分数为 $3\%\sim7\%$ 的铁素体组织。

31. C。珠光体钢与奥氏体不锈钢的焊接时，如果珠光体钢有淬硬倾向，应适当预热，其预热温度应比珠光体钢同种材料焊接时略低一些。

32. C。焊接参数对稀释率有直接影响，焊接热输入越大，母材熔入焊缝越多，则越大。

33．B。焊缝金属的成分取决于填充金属的成分、母材的成分及稀释率。

34．B。一般情况下，坡口角度越大，熔合比越小。

35．B。对于珠光体钢与奥氏体不锈钢的焊接，如焊后进行回火热处理，对接头性能是有害的。

36．D。异种钢焊接，原则上希望熔合比越小越好。

37．D。内部检测是检测焊缝内部的裂纹、气孔、夹渣、未焊透等缺陷，通常采用射线探伤。

38．A。碱性焊条引弧部位易产生蜂窝状气孔，应采用划擦法引弧。

39．C。短弧焊不是产生焊瘤的原因。

40．D。焊后在焊缝表面或焊缝背面形成的低于母材表面的局部低洼部分，称为凹坑。

41．A。焊条电弧焊仰焊熔滴过渡采用短路过渡形式过渡。

42．D。弯曲试验分正弯、背弯和侧弯三种，背弯易于发现焊缝根部缺陷；侧弯能检验焊层与母材之间的结合强度。

43．B。晶间腐蚀是奥氏体不锈钢最危险的一种破坏形式。

44．D。焊接马氏体不锈钢时，正确选择预热温度，预热温度不应超过450℃。

45．B。异种钢焊接要求焊缝金属化学性能及耐热性能等其他性能不低于母材中性能要求较低一侧的指标。

三、多项选择题

1．ABD。在任何情况下都是促进熔滴过渡的作用力有等离子流力、电弧吹力、电磁收缩力等。

2．ABCDE。细滴过渡熔滴尺寸逐渐变小，过渡频率增高，飞溅减小，电弧稳定，焊缝成形好。

3．ABCDEF。焊前检验是焊接检验的第一阶段，包括检验焊接产品图样和焊接工艺规程等技术文件，金属和焊接材料的型号及材质，构件装配和坡口加工的质量，焊接设备及辅助工具，焊接材料去锈、烘干等准备，以及焊工操作水平的鉴定等。

4．ACDE。焊接过程中焊接参数是否正确，焊接设备运行是否正常，焊接夹具夹紧是否牢固，在操作过程中可能出现的焊接缺陷等。

5．ABCDE。焊缝外形尺寸包括：焊缝余高、焊缝宽度、焊缝边缘直线度、角变形及错边量等。

6．ABCDEF。焊条受潮或未按要求进行烘干；焊件坡口的油、锈、水；焊接电流偏小、焊接速度过快、电弧电压过高以及电弧偏吹、碱性焊条引弧和熄弧方法不当等。

7．ABCD。产生夹渣的原因：坡口角度或焊接电流过小；操作不当，引弧、接头方法和运条手法不当；单面焊双面成形的每一层焊缝清渣不彻底等。

8. ABCD。产生的原因主要有：焊接电流太大、电弧太长、运条速度和运条角度不当、坡口两侧停留时间过短等。

9. BCDEF。产生未焊透的原因主要有：焊件坡口钝边过大，坡口角度太小，焊根未清理干净，间隙太小；焊条角度不正确；焊接电流过小，焊接速度过快，电弧太长；焊接时磁偏吹；坡口未清理干净，焊接位置不佳焊接，焊接可达性不好等。

10. BCDE。产生烧穿的主要原因是焊接电流过大、焊接速度太慢、装配间隙太大或钝边太小等因素。

11. ABCDF。采用尽可能快的焊接速度，较小的焊接电流；焊条最好不做横向摆动；多道焊时，等前一道焊缝冷却到60℃以下时，再焊下一道；与腐蚀介质接触的焊缝最后焊接等。

12. ABCDE。防止热裂纹可以采取下列措施：保证焊缝为双相组织、采用低氢型焊条、尽可能快的焊速、弧坑要填、降低线能量等。

13. BD。焊接碳含量较高，铬含量较低的马氏体不锈钢时，常见问题是热影响区冷裂纹倾向、热影响区脆化。

14. ABCDE。根据金相组织，钢材可以分为根据金相组织，钢材可以分为珠光体钢（碳钢和低合金钢）、铁素体钢和铁素体—马氏体钢（高铬钢）、奥氏体钢和奥氏体—铁素体钢（铬镍钢）三大类。

15. ABCDEF。用于异种钢的焊接焊接方法有多种，如焊条电弧焊、熔化极氩弧焊、钨极氩弧焊、摩擦焊、钎焊、扩散焊等均可。

16. BCDE。异种钢熔焊主要考虑的是焊缝金属的成分和性能。焊缝金属的成分取决于焊接材料、母材成分、焊接参数、稀释率（熔合比）等。

17. ABCEF。为了减小熔合比，应尽量采取的措施有：小直径的焊条、小电流、快焊速、较大坡口角度等。

18. ABCDE。珠光体钢与奥氏体不锈钢焊接时，为保证质量必须考虑的问题是：焊缝金属的稀释、过渡区形成硬化、脱碳层、增碳层、接头残余应力。

19. ABC。异种钢焊接工艺要点：减小熔合比，应尽量选用小直径的焊条，并选用小电流、快焊速等；如果珠光体钢有淬硬倾向，应适当预热，其预热温度应比珠光体钢同种材料焊接时略低一些。

20. BCF。Q235珠光体钢与12Cr18Ni9奥氏体不锈钢焊接时，适宜选用的焊条有E309—16、E309—15、E310—16等。

第2章　熔化极气体保护焊

考 核 要 点

基础知识考核范围	考核要点	重要程度
熔化极气体保护焊相关知识	1. 熔化极气体保护焊的工作原理、分类及特点	★★★
	2. 熔化极活性气体保护焊的特点、分类及工艺参数	★★★
厚度 $\delta = 8 \sim 12$ mm 低碳钢或低合金钢板的仰焊位置对接熔化极活性气体保护焊单面焊双面成形	1. 厚度 $\delta = 12$ mm 低碳钢及低合金钢对接焊的熔滴过渡的类型及影响因素	★★
	2. 低碳钢板或低合金钢板熔化极活性气体保护焊对接仰焊的单面焊双面成型焊接技术	★★★
	3. 仰焊位置对接熔化极活性气体保护焊电弧焊外观质量的检验的有关知识	★★★
	4. 学会使用外观检验所使用的工量具	★
不锈钢板对接平焊的富氩混合气体熔化极脉冲气体保护焊	1. 熔化极脉冲气体保护焊的基本知识	★★★
	2. 不锈钢的焊接性	★★★
	3. 不锈钢板对接平焊的富氩混合气体熔化极脉冲气体保护焊的焊接工艺要领	★★★
	4. 熔化极脉冲氩弧焊	★★★
	5. 焊缝质量的外观检验要求	★★
	6. 外观检验分类	★

注："重要程度"中，"★"为级别最低，"★★★"为级别最高。

重点复习提示

一、熔化极气体保护焊相关知识

1. 熔化极气体保护焊的工作原理

熔化极气体保护电弧焊（英文简称 GMAW）是采用可熔化的焊丝与被焊工件之间的电

弧作为热源来熔化焊丝和母材金属，并向焊接区输送保护气体，使电弧、熔化的焊丝、熔池及附近的母材金属免受周围空气的有害作用形成熔池和焊缝的焊接方法。

2. 熔化极气体保护焊分类

依据保护气体的种类和焊丝类型分成不同的焊接方法。

（1）根据保护气体种类和焊丝形式的不同进行分类，见图2—1。

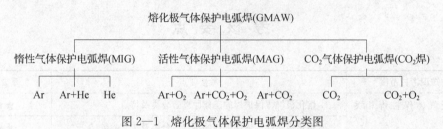

图2—1　熔化极气体保护电弧焊分类图

（2）按操作方式分为自动焊和半自动焊两大类。自动焊是指焊丝的送给和焊枪的移动都是自动的；半自动焊是指送丝、送气是自动的，而焊枪的移动是手动的。

（3）按焊接电源分为直流和脉冲两大类。其中脉冲电流熔化极气体保护焊是指在一定平均电流下，焊接电源的输出电流以一定的频率和幅值变化来控制熔滴，有节奏地过渡到熔池，可在平均电流小于临界电流值的条件下获得射流过渡。由于其焊后优异的焊接质量，目前在工业生产中得到越来越广泛的应用。

3. 熔化极气体保护焊的特点

（1）优点

1）与焊条电弧焊相比其优点有：焊接效率高；可以获得含氢量较焊条电弧焊低的焊缝金属；在相同的焊接电流下，熔深比焊条电弧焊得大；焊接厚板时，可以用较低的焊接电弧和较快的焊接速度，其焊接变形小；烟雾少，可以减轻对通风条件的要求；易实现机械化和自动化。

2）与埋弧自动焊相比其优点有：明弧焊接；适用范围广，可以进行全位置焊接；无须清渣，可以用更窄的坡口间隙，实现窄间隙焊接，节省填充金属和提高生产率。

（2）缺点

1）受环境制约，在室外操作需有防风装置。

2）半自动焊枪比焊条电弧焊钳重、不轻便、操作灵活性较差，对于狭小空间的接头，焊枪不易接近。

3）焊接时采用明弧和使用的电流密度大，电弧光辐射较强。

4）设备较复杂，对使用和维护要求较高。

4. 适用范围

（1）焊材方面

适用于焊接大多数金属和合金，最适于焊接碳钢和低合金钢、不锈钢、耐热合金、铝及铝合金、铜及铜合金及镁合金。

对低熔点的金属如铅、锡和锌等，不宜采用熔化极气体保护焊。表面包覆该类金属的涂层钢板也不适宜采用此焊接方法。

（2）材料厚度方面

可焊接的金属厚度范围很广，最薄约 1 mm，最厚几乎没有厚度限制。

（3）焊接位置方面

熔化极气体保护焊适应性较好，可以进行全位置焊接，其中以平焊位置和横焊位置焊接效率最高，其他焊接位置的效率也比焊条电弧焊高。

5. 使用的设备

熔化极气体保护焊设备可分为半自动焊和自动焊两种类型。其结构主要由：焊接电源、焊枪、送丝机、供气系统、冷却系统和控制系统组成。

自动焊还增加了行走机构，它和焊枪及送丝机组合成焊接小车（机头）。

6. 焊接设备的结构及其工作原理

（1）熔化极气体保护焊的焊接电源通常采用直流焊接电源，过去使用较多的是弧焊整流器式直流电源。近年来，逆变式弧焊电源因省电、焊接性能稳定等优点得到迅速推广。

主要技术参数有：输入电压、额定焊接电流范围、额定负载持续率（％）、空载电压、负载电压范围、电源外特性曲线类型等。通常要根据焊接工艺的需要确定对焊接电源技术参数的要求，然后选用能满足要求的焊接电源。

按外特性类型可分为三种：平特性、陡降特性和缓降特性。

电源的作用是提供焊接过程所需要的能量，维持焊接电弧的稳定燃烧。

（2）送丝系统通常是由送丝机构（包括电动机、减速器、校直轮、送丝轮等）、送丝软管、焊丝盘等组成。

根据送丝方式的不同，送丝系统可分为三种类型：推丝式、拉丝式和推拉丝式，其中推丝式广泛应用于焊丝直径为 0.8～2.0 mm、一般送丝软管长为 3.5～4 m 左右的半自动熔化极气体保护焊中。拉丝式常用于自动熔化极气体保护焊中，而推拉丝式常用于半自动熔化极气体保护焊。

送丝系统的作用是将焊丝从焊丝盘中拉出并将其送给焊枪。焊丝通过焊枪时，通过与铜导电嘴的接触而带电，导电嘴将电流由焊接电源输送给电弧。

（3）供气系统由气源（高压气瓶）、减压阀、流量计和电磁或机械气阀组成。

供气系统通常与钨极氩弧焊相似，对于熔化极活性气体保护焊还需要安装气体混合装置，先将气体混合均匀，然后再送入焊枪。其作用是提供焊接时所需的保护气体，将电弧、熔池保护起来。

（4）焊枪。熔化极气体保护焊焊枪的作用是传导焊接电流、导送焊丝和保护气体。按其用途可分为半自动焊焊枪（手握式）和自动焊焊枪（安装在机械装置上）两种。如果采用水冷焊枪，还要配有冷却水系统。

1）对焊枪的性能要求有：①焊丝能均匀连续地从导电嘴内孔通过，导电嘴的导电性能要好，耐磨、熔点高。根据焊丝尺寸和磨损情况可以更换；②喷嘴应与导电嘴绝缘，而且根据需要可方便地更换；③焊枪必须有冷却措施，因为焊接电流通过导电嘴等部件时产生的电阻热和电弧辐射热，会使焊枪发热；④焊枪结构应紧凑、便于操作，尤其手握式焊枪，应轻便灵活。

2）手握式焊枪用于半自动焊，常用的有：①鹅颈式：适于小直径焊丝，轻巧灵便，特别适合结构紧凑、难以达到的拐角处和某些受限制区域的焊接；②手枪式：适合于较大直径焊丝，它对于冷却效果要求较高，因而常采用内部循环水冷却。

3）半自动焊焊枪：可与送丝机构装在一起，也可分离。

焊枪内的冷却方式有气冷和水冷两种。气冷和水冷的选择主要取决于保护气体种类、焊接电流大小和接头形式。在容量相同情况下，水冷焊枪比气冷焊枪重，自动焊的焊枪多用水冷式。

（5）控制系统主要是控制和调整整个焊接程序：开始和停止输送保护气体和冷却水，启动和停止焊接电源接触器，以及按要求控制送丝速度和焊接小车行走方向、速度等。包括基本控制系统和程序控制系统

基本控制系统主要包括焊接电源输出调节系统、送丝速度调节系统、小车（或工作台）行走速度调节系统和气体流量调节系统等。基本控制系统的作用是在焊前或焊接过程中调节焊接电流或电压、送丝速度、焊接速度和气流量的大小。

程序控制系统的主要作用是：控制焊接设备的启动和停止；控制电磁气阀动作，实现提前送气和滞后停气，使焊接区受到良好保护；控制水压开关动作，保证焊枪受到良好的冷却；控制引弧和熄弧；控制送丝和小车（或工作台）移动（自动焊时）。

程序控制是自动的，将焊接电源、送丝系统、焊枪和行走系统、供气和冷却水系统有机地组合在一起，构成一个完整的、自动控制的焊接设备系统。除程控系统外，高档焊接设备还有参数自动调节系统。其作用是当焊接工艺参数受到外界干扰而发生变化时可自动调节，以保持有关焊接参数的恒定，维持正常稳定的焊接过程。

二、熔化极活性气体保护焊

1. 概念

利用活性气体（如 $Ar+O_2$、$Ar+CO_2$、$Ar+CO_2+O_2$ 等）作为保护气体的熔化极气体保护电弧焊方法，称为熔化极活性气体保护焊法（简称 MAG 焊）。

2. 常用气体

据加入活性气体的种类不同，熔化极活性气体保护焊有三种：

$Ar+O_2$：这种活性气体焊接不锈钢时，含氧量为 $1\%\sim5\%$；焊低碳钢和低合金钢，含氧量可达 20%；

$Ar+CO_2$：这种活性气体保护焊主要用于低碳钢、低合金钢，也可焊不锈钢，但应注意在焊接超低碳不锈钢时要防止焊缝增碳；

$Ar+CO_2+O_2$：这种活性气体主要应用在焊接低碳钢与低合金钢。

3. 特点

MAG 焊可采用短路过渡、喷射过渡和脉冲喷射过渡进行焊接，具有稳定的焊接工艺性能和质量优良的焊接接头。

4. 应用

可用于空间各种位置的焊接，尤其适用于碳钢、合金钢和不锈钢等黑色金属的焊接。

5. 焊接参数

焊接参数包括：焊接电流、极性、电弧电压、焊接速度、焊丝伸出长度、焊丝倾角、焊接接头位置、焊丝直径、保护气体成分和流量。

影响焊接参数的因素有：母材成分、焊丝成分、焊接位置、质量要求。

6. 焊接参数的选择原则及对焊接质量的影响

（1）焊接电流

焊接电流是最重要的焊接参数，应根据工件厚度、焊接方法、焊丝直径、焊接位置来选择焊接电流。当用等速送丝式焊机焊接时，焊接电流是通过送丝速度来调节的。

当所有其他参数不变时，焊接电流增加将引起如下的变化：增加焊缝的熔深和熔宽、提高熔敷率、增大焊道的尺寸。另外，脉冲喷射过渡焊是熔化极气体保护焊工艺的一种形式。脉冲电流的平均值可以在小于或等于连续直流焊的临界电流值以下得到射流过渡，减小脉冲平均电流，则电弧力和焊丝熔敷率也减小，所以可用于全位置焊和薄板焊接。同样还可以采用较粗的焊丝，在低电流下获得稳定的脉冲喷射过渡，从而有利于降低成本。

（2）极性

熔化极气体保护焊大多采用直流正极性。因为直流正接时，电弧稳定、熔滴过渡平稳、飞溅较少、焊缝成形较好，并且在较宽的电流范围内熔深较大。

直流反极性很少采用。当采用直流反接时焊丝的熔敷率较高，但因熔滴过渡呈不稳定的大滴过渡形式，实际上难以采用，直流反极性只在表面焊接工程中才得到一些应用。

如果使用交流电，电流的周期变化使其在交流过零时电弧熄灭和造成电弧不稳。尽管对焊丝进行处理后可以有一定改善，但是却提高了成本。故熔化极气体保护焊一般不使用交流电源。

（3）电弧电压

当其他参数保持不变时，电弧电压与弧长成正比关系。在实际焊接生产中一般都要求给出电弧电压值。电弧电压的给定值决定于焊丝材料、保护气体和熔滴过渡形式等。

电弧电压主要影响熔宽，对熔深的影响很小。在电流一定的情况下。当电弧电压增加时焊道成形宽而平坦，电压过高时，将会产生气孔、飞溅和咬边；当电弧电压降低时，将会使焊道变成窄而高，熔深减小，电压过低时将产生焊丝插桩现象。

（4）焊接速度

其他条件不变时，中等焊接速度熔深最大，在很慢的焊接速度时，焊接电弧冲击熔池，会降低有效熔深，焊道也将加宽。相反，焊接速度提高时，致熔宽、熔深减小，产生咬边、未熔合等缺陷。当焊接速度更高时，还会产生驼峰焊道，这是因为液体金属熔池较长而发生失稳的结果。

自动熔化极氩弧焊的焊接速度一般为 25～150 m/h；半自动熔化极氩弧焊的焊接速度一般为 5～60 m/h。

（5）焊丝伸出长度

焊丝伸出长度是指导电嘴端头到焊丝端头的距离，随着焊丝伸出长度的增大，焊丝的电阻也会增大。电阻热引起焊丝的温度升高，使焊丝的熔化率增大。当焊丝伸出长度过大时，将使焊丝的指向性变差和焊道成形恶化。短路过渡时合适的焊丝伸出长度是 6～13 mm，其他熔滴过渡形式为 13～25 mm。

（6）焊枪角度

对于各种焊接位置，焊丝的倾角大多选择在 10˚～15˚范围内，这时可实现对熔池良好的控制和保护。

（7）焊接位置

对于平焊和横焊位置焊接，可以使用任何一种熔化极气体保护焊技术，如喷射过渡和短路过渡都可以得到良好的焊缝。而对于全位置焊来说，使用喷射过渡法可以将熔化的焊丝金属过渡到熔池中去，但因电流较大，形成的熔池较大，从而使熔池难以在仰焊和向上立焊位置上保持，这时就希望得到小熔池，所以只有采用低能量的脉冲或短路过渡的熔化极气体保护焊工艺才行。而对于向下立焊，熔池向下淌，有利于以较大电流配合较高速度焊接薄板。

（8）焊丝

焊丝的选择包括焊丝尺寸的选择和焊丝成分的选择。焊丝尺寸的选择主要应考虑被焊工件厚度和焊接位置等因素。焊丝成分的选择主要应考虑冶金焊接性，表现在两个方面：焊缝金属应与母材的力学和物理性能具有良好的匹配，或者是具有优于母材的性能（如耐蚀性或耐磨性）。焊缝应是致密的和无缺陷的。

总的选择原则是：第一，对于氧化性较强的保护气体，选用高锰高硅的焊丝；第二，对氧化性较弱的保护气体（如富氩混合气体），宜选用低锰低硅焊丝。

目前，生产上最常用的焊丝是低锰低硅焊丝。这主要是由于目前所使用的混合气体，其氧化性都较弱的缘故。

每一种成分和直径的焊丝都有一定的可用电流范围，不同直径的焊丝适用不同的熔滴过渡形式及焊接位置。

（9）保护气体

保护气体的选择首先应考虑到基本金属的种类、电弧的稳定性、焊缝成形、飞溅量、熔合比及合金元素的氧化与烧损、获得该气体的难易程度及气体成本等，其次应考虑熔滴过渡类型。焊件为同一钢种，因采用熔滴过渡的形式不同其使用的混合气体也不同。

三、低碳钢板或低合金钢对接焊的熔滴过渡类型及影响因素

1. 熔滴过渡的概念

电弧焊时，在焊丝端部形成的向熔池过渡的液态金属滴叫熔滴过渡。射流过渡保护气体采用 $Ar98\% + CO_2 2\%$，短路过渡保护气体采用 $Ar97.5\% + CO_2 2.5\%$。

2. 熔滴过渡的作用力

熔滴过渡的作用力包括重力、表面张力、电弧力（包括电磁收缩力、等离子流力、斑点力、熔滴冲击力及短路爆破力等）、熔滴爆破力，各种作用力的特点如下。

（1）重力

重力对熔滴过渡的影响依焊接位置的不同而不同。平焊时，熔滴上的重力促使熔滴过渡；而在立焊及仰焊位置则阻碍熔滴过渡。

（2）表面张力

液体金属像其他金属一样具有表面张力，即液体在没有外力作用时，其表面积会尽量减小，缩成圆形。对液体金属来说，表面张力使熔化金属成为球形。平焊时不利于溶滴过渡，立焊或仰焊有利于熔滴过渡。

表面张力越大，焊芯末端的熔滴越大，表面张力的大小与熔滴成分、温度、环境条件、焊丝直径等有关。表面张力造成的与焊丝脱离的阻力，由于焊丝直径几乎成正比，细丝的阻

力比粗丝小，用细丝焊接，熔滴过渡较为顺利而稳定。液体金属温度越高，表面张力越大。在保护气体中加入氧化性气体，如 $Ar+CO_2$ 比用纯 Ar 表面张力可减小，有利于形成细颗粒熔滴。

（3）电弧力

电弧力包括电磁收缩力、等离子流力、斑点力、熔滴冲击力及短路爆破力等。电弧力只有在焊接电流较大时才对熔滴过渡起主要作用，焊接电流较小时起主要作用的往往是重力和表面张力。

（4）熔滴爆破力

当熔滴内部因冶金反应而生成气体或含有易蒸发金属时，在电弧高温作用下将使气体积聚、膨胀而产生较大的内压力，致使熔滴爆破，这一内压力称为熔滴爆破力。它在促使熔滴过渡的同时也产生飞溅。

3. 熔滴过渡的形式及影响因素：

熔滴过渡可分为三种形式：短路过渡、大滴过渡和喷射过渡。

（1）短路过渡

短路过渡发生在熔化极气体保护焊的细焊丝和小电流条件下。这种过渡形式产生小而快速凝固的焊接熔池，适合于焊接薄板、全位置焊。熔滴过渡只发生在焊丝与熔池接触时，而在电弧空间不发生熔滴过渡。

（2）大滴过渡

在直流反接情况下，无论是哪种保护气体，在较小电流时都能产生大滴过渡。大滴过渡的特征是熔滴直径大于焊丝直径，大滴过渡只能在平焊位置，在重力作用下过渡。

在惰性气体为主的保护介质中，在平均电流等于或略高于短路过渡所用的电流时，就能获得大滴轴向过渡。

（3）喷射过渡

用富氩保护气体保护可以产生稳定的、无飞溅的轴向喷射过渡，它要求直流反接（DCEP）且电流在临界值以上。

影响熔滴过渡的因素很多，选择不同参数值导致过渡形式的不同，其中主要因素有：焊接电流的大小和种类、焊丝直径、焊丝成分、焊丝干伸长和保护气体。

四、低碳钢板或低合金钢的仰焊位置对接熔化极活性气体保护焊单面焊双面成形

1. 板对接仰焊的基本特点

单面焊双面成形技术，是从焊件坡口的正面进行焊接，实现正面和背面焊道同时形成致

密均匀焊缝的操作工艺方法。

仰焊是焊接操作中难度最大的焊接。仰焊中，由于焊件倒悬，熔滴受重力作用阻碍其向熔池过渡，单面焊双面成形时，熔池金属和熔渣在自身重力作用下自然下坠，当冷却速度较慢时，焊缝背面会出现凹陷或正面出现焊瘤、金属下淌等现象。

为克服重力的影响，仰焊操作中，应力求采用最小的间隙和短弧，同时要求焊接电弧有足够的挺度，能够击穿焊缝，使熔池在表面张力的作用下，能够迅速凝固形成较为平整的焊缝。仰焊时，熔渣追踪熔池，熔孔效应不十分明显，仅在操作瞬间可以观察到。

2. 板对接仰焊的注意事项

（1）仰焊时，断弧焊法不易掌握，采用连弧焊法则可以稳定电弧，取得较为理想的焊缝成形。

（2）因连弧焊接需要窄的间隙来保证焊接质量，故组对时间隙大小十分重要。一般始焊端间隙应小于终焊端 0.5 mm。一般焊接厚度为 10 mm 的钢板时，焊缝坡口装配间隙宜控制在始焊端 2.7 mm，终焊端 3.2 mm 为宜，组对完成后，在试板两端 10～15 mm 处进行定位焊接。

（3）定位焊时，始焊端焊点要小，以不开裂为准，终焊端要定位牢靠，以防焊接过程中焊缝收缩致使间隙尺寸减小或终焊端被拉裂。

（4）定位焊时使用的焊条应与正式焊接时焊条型号相同。

（5）定位后的试件表面应平整，错边量≤0.5 mm，检查无误后，将反变形角度留出，反变形角度也应控制在 3°±1°。

（6）焊接操作分为打底、填充、盖面三个步骤，在各过程中要保持正确的持枪姿势，焊接时用身体的某个部位承担焊枪的重量，手臂能处于自由状态，手腕能灵活带动焊枪平移或转动，不感到太累。将送丝机放在合适的位置，软管电缆最小的曲率半径要大于 300 mm，保证焊枪能在需焊接的范围内自由移动。焊接过程中，焊工必须使焊枪与工件保持合适的相对位置，主要是正确控制焊枪和喷嘴高度，既要维持焊枪倾角不变，还能清楚、方便地观察熔池，控制焊缝形状，又能可靠地保护熔池，防止出现缺陷。

整个焊接过程中，焊枪必须匀速前移，才能获得满意的焊缝。通常焊工可根据焊接电流的大小、熔池的形状、工件熔合情况、装配间隙、钝边大小等情况，调整焊枪前移速度、力度匀速前进。

3. 焊接缺陷产生的原因及防止措施

惰性气体保护极好地保护了焊接区不受空气中的氧和氮的污染，当按照正确的焊接工艺焊接时，一般能得到高质量的焊缝。然而，在采用熔化极气体保护电弧焊时，如果焊接参数、材料或焊接工艺不合适，就可能出现焊接缺陷。

五、焊接接头的外观质量检查知识

1. 外观检查方法

外观检查是简单而应用广泛的检验方法。外观检查是在焊缝表面清理后，利用目视或焊接检测尺、低倍放大镜等对焊缝外观尺寸及缺陷进行检查和评定的方法。

2. 外观检查内容

表面清理、焊缝外观尺寸。

3. 表面缺陷

表面缺陷主要包括表面裂纹、气孔、夹渣、未熔合、未焊透、咬边、焊瘤、凹陷等。

六、检测工量具的使用知识

试件外观检验的测量工具主要是焊接检测尺，主要应用于焊缝余高、焊缝宽度、比坡口每侧增宽量、焊件错边量、焊件角变形、咬边深度及内凹量等的测定。

七、不锈钢的焊接性

一般泛指的"不锈钢"是不锈钢、耐酸钢和耐热钢的统称。不锈钢只是在空气中能够抵抗腐蚀的钢；耐酸钢是在某些化学浸蚀介质中能够抵抗腐蚀的钢；耐热钢是在高温下能抗氧化、抗蠕变、抗破断，并能抵抗有一定腐蚀介质的钢。

耐酸钢和耐热钢一般具有不锈的性能，而不锈钢一般的耐酸和耐热性能却较差。

1. 不锈钢的分类

（1）**按化学成分分为：**

铬不锈钢，如 06Gr13、12Gr13、20Gr13、30Gr13、10Cr17。

铬镍不锈钢，如 06Gr19Ni10、12Gr18Ni9、06Cr17Ni12Mo2Ti。

铬锰氮不锈钢，如 06Cr19Ni10N、06Cr17Ni12Mo2N。

（2）**按组织分分为：**

铁素体不锈钢，如 10Gr17、06Gr11Ti。

马氏体不锈钢，如 20Gr13、30Gr13、40Gr13。

奥氏体不锈钢，如 06Gr19Ni10、06Gr18Ni11Ti、07Gr19Ni11Ti。

铁素体不锈钢和马氏体不锈钢属于铬不锈钢，奥氏体不锈钢属于铬镍不锈钢。

2. 不锈钢的焊接物理性能

（1）热导率低于碳钢，尤其是奥氏体不锈钢，约为碳钢的 1/3。

（2）电阻率高，尤其是奥氏体不锈钢，约为碳钢的 5 倍。

（3）奥氏体不锈钢线膨胀系数比碳钢约大 50%，铁素体不锈钢和马氏体不锈钢线膨胀系数大体上与碳钢相等。

（4）奥氏体不锈钢的密度大于碳钢，铁素体不锈钢和马氏体不锈钢密度稍小于碳钢。

（5）奥氏体不锈钢没有磁性，铁素体不锈钢和马氏体不锈钢有磁性。

3. 不锈钢的焊接性

不锈钢中以奥氏体不锈钢最为常见。奥氏体不锈钢的塑性和韧性很好，具有良好的焊接性，焊接时一般不需要采取特殊的焊接工艺措施。但如果焊接材料选用不当或焊接工艺不正确时，也会产生下列问题。

（1）晶间腐蚀

晶间腐蚀是 18—8 型奥氏体钢最危险的破坏形式之一。受到晶间腐蚀的不锈钢，从表面上看来没有痕迹，但在受到应力时即会沿晶界断裂，几乎完全丧失强度。奥氏体不锈钢在焊接不当时，会在焊缝和热影响区造成晶间腐蚀，有时在焊缝和基本金属的熔合线附近也会发生如刀状腐蚀，称为刀状腐蚀。

在焊接奥氏体不锈钢时，可用下列措施防止和减少焊件产生晶间腐蚀：1）控制含碳量；2）添加稳定剂；3）进行固溶处理或稳定化热处理；4）采用双相组织；5）加快冷却速度。

（2）应力腐蚀

应力腐蚀：在静应力（内应力或外应力）作用下，不锈钢在腐蚀性介质中发生的破坏。

产生应力腐蚀的介质因素：氯离子浓度和氧含量的共同作用。

防止应力腐蚀的方法：主要是消除焊接残余应力，常采用低温（低于 300～350℃）或高温（高于 850℃）退火处理。

（3）热裂纹

热裂纹是奥氏体不锈钢焊接时较易产生的一种缺陷。包括焊缝的纵向和横向裂纹、火口裂纹、打底焊的根部裂纹和多层焊的层间裂纹等。特别是含镍量高的奥氏体不锈钢易产生。

防治措施主要包括：1）采用双向组织的焊条，使焊缝形成奥氏体＋铁素体的双向组织；2）在焊接工艺上采用碱性焊条，小电流、快焊速、收尾时尽量填满弧坑及采用氩弧焊打底等措施。

（4）焊接接头的脆化

奥氏体不锈钢的焊缝在加热一段时间后，常会出现冲击韧性下降的现象，称为脆化。奥氏体不锈钢的脆化有两种：低温脆化和高温脆化。

4. 不锈钢富氩混合气体熔化极气体保护焊

焊接参数主要包括：保护气体、焊丝、过渡形式、焊接电流、电弧电压、焊接速度、焊丝干伸长度、气体流量、喷嘴至工件位置。焊接参数的选择及对焊接质量的影响如下。

（1）保护气体

熔化极氩弧焊一般不使用纯氩气体进行焊接，通常根据所焊接的材料采用适当比例的富氩混合气体。对于不锈钢和高强钢来说，所使用的富氩混合气体主要有 Ar＋（1%～2%）CO_2 和 Ar＋5%CO_2＋2%O_2 两种，它们都属于弱氧化性。

使用 Ar＋（1%～2%）CO_2 作为保护气体，可以提高熔池的氧化性，降低焊缝金属的含氢量，克服指状熔深问题及阴极飘移现象，改善焊缝成形，可有效防止气孔、咬边等缺陷用于射流电弧、脉冲射流电弧。

使用 Ar＋5%CO_2＋2%O_2 作为保护气体，提高了氧化性，熔透能力大，焊缝成形较好，但焊缝可能会增碳。用于射流电弧、脉冲射流电弧及短路电弧。

（2）焊丝

按等成分原则选择焊丝种类，焊丝直径的选择一般根据工件的厚度、施焊位置来选择，薄板焊接及横焊、立焊位置的焊接通常采用细丝（直径为 1.6 mm），平焊位置的中等厚度板及大厚度板焊接通常采用粗丝。

（3）过渡形式

薄板或全位置焊接通常选用脉冲喷射过渡或短路过渡进行焊接，而厚板通常选用喷射过渡进行焊接。

（4）焊接电流

焊接电流是最重要的焊接工艺参数。实际焊接过程中，应根据工件厚度、焊接方法、焊丝直径、焊接位置来选择焊接电流。

（5）电弧电压

电弧电压主要影响熔宽，对熔深的影响很小。电弧电压应根据电流的大小、保护气体的成分、被焊材料的种类、熔滴过渡方式等进行选择。

（6）焊接速度

焊接速度是重要焊接工艺参数之一。焊接速度要与焊接电流适当配合才能得到良好的焊缝成形。在热输入不变的条件下，焊接速度过大，熔宽、熔深减小，甚至产生咬边、未熔合、未焊透等缺陷。如果焊接速度过慢。不但直接影响了生产率，而且还可能导致烧穿、焊接变形过大等缺陷。

自动熔化极氩弧焊的焊接速度一般为 25～150 m/h，半自动熔化极氩弧焊的焊接速度一般为 5～60 m/h。

（7）焊丝干伸长度

焊丝干伸长度影响焊丝的预热，因此对焊接过程及焊缝质量具有显著影响。其他条件不变而干伸长度过长时，易导致未焊透、未熔合等缺陷；干伸长度过短时，易导致喷嘴堵塞及烧损。

干伸长度一般根据焊接电流大小、焊丝直径及焊丝电阻率来选择。

（8）气体流量

保护气体的流量一般根据电流的大小、喷嘴孔径及接头形式来选择。对于一定直径的喷嘴，有一最佳的流量范围，流量过大，易产生紊流；流量过小，气流的挺度差，保护效果均不好。气体流量最佳范围通常需要利用实验来确定，保护效果可通过焊缝表面的颜色来判断。

（9）喷嘴至工件位置

喷嘴高度应根据电流的大小选择：距离过大时，保护效果变差；距离过小时，飞溅颗粒易堵塞喷嘴且阻挡焊工的视线。

5. 熔化极脉冲氩弧焊

熔化极脉冲氩弧焊一般以射流过渡形式过渡，特点是它能产生指状熔深。因为电磁场对称于焊缝中心，所以指状熔深也出现在焊缝中心。一般焊条电弧焊、埋弧焊等焊接方法无法使用射流过渡，对于熔化极脉冲焊，当工件厚度和焊接位置合适则可使用。

采用熔化极脉冲焊时，电弧形态为钟罩形，熔滴过渡形式类似于射滴过渡，所以焊缝成形不是指状熔深，而是圆弧状熔深，有利于焊接薄工件和实现厚板的全位置焊。

熔化极脉冲氩弧焊的焊接电流为脉冲电流，采用脉冲电流施焊，可以用低于喷射过渡临界电流的平均电流来得到喷射过渡，不仅缩小了热影响区，改善接头组织，也减少了形成裂纹和出现变形的倾向。

熔化极脉冲氩弧焊具有如下优点：

（1）焊接参数的调节范围增大。

（2）可有效地控制线能量。

（3）有利于实现全位置焊接。

（4）焊缝质量好。

熔化极脉冲氩弧焊工艺有三种过渡形式：一个脉冲过渡一滴（简称"一脉一滴"）、一个脉冲过渡多滴（简称"一脉多滴"）、多个脉冲过渡一滴（简称"多脉一滴"）。在这三种过渡方式中，一脉一滴的工艺性能最好，若能得到高品质信号，则一脉多滴是一种非常理想的过渡形式。

一脉多滴若在焊接过程中保持焊接速度均匀不变，脉冲频率和其他脉冲参数都不变，在这两个条件下，若能将熔滴过渡控制到每个脉冲中过渡的熔滴数不变，则整条焊缝就会均匀、美观，质量非常优良。目前主要采用的是一脉多滴及一脉一滴的混合方式。

6. 不锈钢熔化极脉冲氩弧焊操作要点

（1）焊枪角度与焊接工艺：采用右向焊法，三层三道。

（2）试板位置及组对：焊前先检查试板反变形及装配间隙是否合适，调整好定位高度，将试板坡口朝下放在水平位置，间隙小的一端放在右侧夹持固定好。

（3）操作姿势：焊接时用身体的某个部位承担焊枪的重量，手臂能处于自由状态，手腕能灵活带动焊枪平移或转动，将送丝机放在合适的位置，软管电缆最小的曲率半径要大于300 mm，保证焊枪能在需焊接的范围内自由移动。焊接过程中，焊工既要维持焊枪倾角不变，还能清楚、方便地观察熔池，控制焊缝形状，又能可靠地保护熔池，防止出现缺陷。在焊接以下三层时应注意以下几点。

1）打底焊。调整好打底层焊接参数后，焊接过程中不能让电弧脱离熔池，注意保持合适的焊枪角度和电弧在熔池上的位置，电弧尽量靠近熔池中后部分，防止背面的焊缝过高或焊瘤等缺陷，在保证熔透的条件下，尽量减少熔孔尺寸，以熔化坡口钝边每侧0.5 mm。为避免坡口内侧液态金属下淌，焊接中注意电弧在坡口两侧停顿时间，既采用小幅度的锯齿形摆动，中间速度要稍快，从而保证获得满意的正、背两面焊缝成形。

接头前用角向磨光机将停弧处打磨成斜坡，将导电嘴和喷嘴内的金属飞溅物清理干净，调整好焊丝伸出长度，在斜面顶部引燃电弧后，将电弧移至斜面底部，转一圈当坡口根部出现新的熔孔后返回引弧处再继续焊接。

2）填充焊。填充层焊接前，将打底层焊缝表面的污物和飞溅颗粒清理干净，接头部位凸起的地方用角向磨光机打磨掉，调整好填充层焊接工艺参数后，焊枪与焊接方向的夹角与打底层相同在试板右端引弧，焊枪以稍大的横向摆动幅度开始向左焊接，在坡口两侧的停留时间按也应稍长，避免焊道中间下坠。保证填充层焊道表面应距试板下表面1.5～2.0 mm为宜，必须注意不能熔化坡口的棱边。

3）盖面焊。盖面层焊接前应先将填充层焊缝表面及坡口边缘棱角处清理干净。调整好盖面层焊接工艺参数后，从右到左进行盖面层的焊接。盖面层焊接时所用的焊枪角度和横向摆动方法与填充焊接层焊接时相同，焊接过程中要根据填充层的高度、宽度，调整好焊接速度，在坡口边缘棱角处，电弧要适当停留，但电弧不得深入坡口边缘太多。焊接时应尽可能地保证摆动幅度均匀平稳，使焊缝平直均匀，不产生两侧的咬边等缺陷。

7. 焊缝质量的外观检验要求

所有焊缝在冷却至室温后都应进行外观检验，合格的焊缝应该具备下列条件：（1）无裂纹；（2）焊道之间及焊道与母材之间应该完全熔合；（3）所有弧坑均应饱满，符合焊缝尺寸要求；（4）焊缝应无明显的咬边；（5）焊缝的宽度应均匀，焊缝与母材连接处应圆滑过渡，焊缝余高应符合标准规定。

8. 外观检验分类

外观检验分为直接外观检验方法和间接外观检验方法。

辅导练习题

一、判断题（下列判断正确的请在括号中打"√"，错误的请在括号内打"×"）

1. 手弧焊、埋弧焊和气体保护焊等焊接方法都可以用来焊接钢与镍及其合金。　（　　）

2. 马氏体不锈钢焊接主要问题是有强烈的淬硬倾向，残余应力大，易产生冷裂纹。

　（　　）

3. 铁素体耐热钢与其他钢种进行焊接时，要选用塑性和冲击韧性比较好的焊接材料。

　（　　）

4. 在相同的焊接电流下，熔化极气体保护焊的熔深比焊条电弧焊的大。　（　　）

5. 熔化极气体保护焊适用于焊接大多数金属和合金。　（　　）

6. 熔化极气体保护焊的焊接电源按外特性类型只能是平特性。　（　　）

7. 利用活性气体熔化极气体保护焊常用于黑色金属材料的焊接。　（　　）

8. MAG 焊必须采用喷射过渡进行焊接。　（　　）

9. 当冷却速度较慢时，焊缝背面会出现焊瘤。　（　　）

10. 仰板组对的始焊端间隙应大于终焊端。　（　　）

11. 熔化极气体保护焊当电流过大时会造成咬边缺陷。　（　　）

12. 射流过渡形式的一个特点是它能产生指状熔深。　（　　）

13. 采用熔化极脉冲焊时，熔池形状是指形成状熔深。　（　　）

14. 单面焊双面成形技术不需要采取任何辅助措施，从焊件坡口的正面进行焊接，实现正面和背面焊道同时形成致密均匀焊缝的操作工艺方法。　（　　）

15. 不锈钢是不锈钢、耐酸钢和耐热钢的总称，任何情况下都是不会生锈的。　（　　）

16. 不锈钢一般的耐酸和耐热性能较好。　（　　）

17. 奥氏体不锈钢属于铬镍不锈钢。　（　　）

18. 不锈钢的热导率高于碳钢。　（　　）

19. 奥氏体不锈钢具有良好的焊接性，焊接时不需要采取特殊的焊接工艺措施。　（　　）

20. 奥氏体不锈钢焊接时具有明显的冷裂倾向。　（　　）

21. 奥氏体不锈钢焊后快速冷却是提高接头耐腐蚀能力的有效措施。　（　　）

22. 奥氏体不锈钢焊后不会产生淬硬现象。　（　　）

23. 熔化极氩弧焊焊接不锈钢一般使用富氩混合气体保护。　（　　）

24. 为保证富氩混合气体保护焊接时获得射流过渡宜采用直径 1.0 mm 的焊丝。（   ）

25. 为保证富氩混合气体保护效果，保护气体的流量越大越好。（   ）

26. 熔化极脉冲氩弧焊适合于薄板焊接。（   ）

27. 对于熔化极脉冲氩弧焊只有当平均电流大于临界电流时才能获得射流过渡。（   ）

28. 熔化极脉冲氩弧焊只能焊薄板，不能焊厚板。（   ）

29. 熔化极脉冲氩弧焊可有效控制线能量，对于热敏感材料的焊接十分有利。（   ）

30. 熔化极脉冲氩弧焊熔滴过渡方式中一脉多滴的工艺性能最好。（   ）

31. 半自动焊是指焊丝的送给和焊枪的移动都是自动的。（   ）

32. 自动焊的基本控制系统的主要作用是控制引弧和熄弧。（   ）

33. 熔化极气体保护焊一般采用直流正接。（   ）

34. 焊件材质相同，因采用熔滴过渡的形式不同其使用的混合气体也不同。（   ）

35. 熔滴过渡时所受的重力总是促使过渡的力。（   ）

36. 仰焊操作中，应尽量采用最小的间隙和长弧。（   ）

37. 熔化极气体保护焊时，其他条件不变而焊丝干伸长度过长时，易导致未焊透。（   ）

38. 对于不锈钢来说，焊缝表面呈金黄色或银色说明保护效果最好。（   ）

39. 板对接仰焊一般采用断弧焊法进行打底焊接。（   ）

40. 熔化极脉冲氩弧焊可在较小的线能量下实现喷射过渡。（   ）

41. 奥氏体不锈钢的焊缝在加热一段时间后出现冲击韧性下降的现象，称为晶间腐蚀。（   ）

42. 定位焊时使用的焊条应比正式焊接时焊条的抗拉强度高。（   ）

43. 焊缝的外观检验应在冷却至室温后进行外观检验。（   ）

44. 所有焊缝应在冷却至室温后进行外观检验。（   ）

45. 大滴过渡的特征是熔滴直径小于焊丝直径。（   ）

46. 熔化极气体保护焊有两种送丝方式。（   ）

二、单项选择题（下列每题有 4 个选项，其中只有 1 个是正确的，请将其代号填写在横线空白处）

1. 选用氩弧焊焊接方法，焊接铝及铝合金的质量_____。

   A. 中等   B. 一般   C. 低   D. 高

2. 在相同的焊接电流下，熔化极气体保护焊的熔深比焊条电弧焊的_____。

   A. 大   B. 小   C. 中等   D. 无影响

3. 熔化极气体保护焊适用于焊接_____。

   A. 铸铁   B. 不锈钢   C. 陶瓷   D. 塑料

4. 利用活性气体（如 $Ar+O_2$；$Ar+CO_2$；$Ar+CO_2+O_2$ 等）作为保护气体的熔化极气体保护电弧焊方法常用于_____的焊接。

　　A. 有色金属　　　　B. 黑色金属材料　　C. 低熔点金属　　D. 都可以

5. 自动熔化极氩弧焊的焊接速度一般为_____m/h。

　　A. 25～150　　　　B. 5～60　　　　　C. 15～150　　　　D. 25～200

6. 板仰焊，当冷却速度较慢时，焊缝背面会出现_____。

　　A. 凹陷　　　　　B. 焊瘤　　　　　C. 未焊透　　　　D. 未熔合

7. 仰板组对的始焊端间隙应小于终焊端_____mm。

　　A. 2　　　　　　B. 1.5　　　　　C. 1　　　　　　D. 0.5

8. 熔化极气体保护焊产生裂纹的主要原因包括_____。

　　A. 焊缝熔宽比大　　　　　　　　B. 工件未清理干净

　　C. 喷嘴与工件距离大　　　　　　D. 电弧电压高

9. 射流过渡形式的一个特点是它能产生_____熔深。

　　A. 树枝状　　　　B. 指状　　　　　C. 宽而浅　　　　D. 与短路过度相同

10. 采用熔化极脉冲焊时，电弧形态为_____。

　　A. 宽而浅　　　　B. 指状　　　　　C. 圆弧状　　　　D. 钟罩形

11. 单面焊双面成形技术，是从焊件坡口的正面进行焊接，_____实现正面和背面焊道同时形成致密均匀焊缝的操作工艺方法。

　　A. 背面加垫板　　　　　　　　　B. 不需要采取任何辅助措施

　　C. 背面加焊剂垫　　　　　　　　D. 视焊工水平加与不加保护垫

12. 使用熔化极气体保护焊焊接试件时，组对应留反变形一般为_____度。

　　A. 1～2　　　　　B. 2～3　　　　　C. 3～4　　　　　D. 4～5

13. 熔化电极的氩弧焊叫熔化极氩弧焊，简称_____焊。

　　A. MIG　　　　　B. TIG　　　　　C. MAG　　　　　D. CO_2

14. 熔化极氩弧焊焊接不锈钢一般_____气体保护。

　　A. $Ar+（1\%～2\%）CO_2$　　　　　B. $Ar+C+CO_2+2\%O_2$

　　C. O_2　　　　　　　　　　　　　D. CO_2

15. 不锈钢富氩混合气体熔化极气体保护焊焊接横焊、立焊位置时常用_____mm 的焊丝。

　　A. 0.8　　　　　B. 1.0　　　　　C. 1.6　　　　　D. 2.0

16. 半自动熔化极氩弧焊的焊接速度一般为_____m/h。

　　A. 25～150　　　　B. 5～60　　　　　C. 15～1 000　　　D. 30～2 000

17. 使用富氩混合气体保护焊，当保护气体的流量大时易出现_____。

    A. 紊流   B. 气流的挺度差   C. 喷嘴堵塞   D. 无影响

18. 当焊接薄板和热输入敏感性大的金属材料时，适合的焊接方法是_____。

    A. 焊条电弧焊   B. 埋弧焊   C. 熔化极氩弧焊   D. 熔化极脉冲氩弧焊

19. 熔化极脉冲氩弧焊可在平均电流_____临界电流的条件下获得射流过渡。

    A. 大于   B. 小于   C. 等于   D. 与平均电流无关

20. 熔化极脉冲氩弧焊比一般的熔化极氩弧相比_____。

    A. 参数调节范围增大   B. 参数调节范围减小

    C. 没有变化   D. 焊接变形大

21. 熔化极脉冲氩弧焊可在较小的线能量下实现喷射过渡，熔池的_____易于控制成型。

    A. 体积小   B. 体积小   C. 冷却速度慢   D. 变形大

22. 熔化极脉冲氩弧焊有_____种过渡形式。

    A. 1   B. 2   C. 3   D. 4

23. 对于熔化极脉冲氩弧焊的各种过渡方式中_____工艺性最好。

    A. 一脉一滴   B. 一脉多滴   C. 多脉一滴   D. 多脉多滴

24. 利用熔化极脉冲氩弧焊在焊接填充层焊道时要求_____。

    A. 表面应距试板下表面小于1.5   B. 不能熔化坡口的棱边

    C. 要熔化坡口的棱边   D. 表面应距试板下表面大于于2.0

25. 对于熔化极脉冲氩弧焊合格的试件表面要求其表面不得有_____缺陷。

    A. 气孔   B. 裂纹   C. 夹渣   D. 飞溅

26. 自动焊的基本控制系统的主要作用是_____。

    A. 调节焊接电流或电压

    B. 控制水压开关动作，保证焊枪受到良好冷却

    C. 控制引弧和熄弧

    D. 控制送丝和小车

27. 熔化极气体保护焊一般采用的电源特性是_____。

    A. 交流   B. 直流反接或交流   C. 直流反接   D. 直流正接

28. 熔化极气体保护焊时，焊件材质相同，采用不同的熔滴过渡形式，使用的保护气体_____。

    A. 必须是单一气体 B. 种类相同   C. 种类不同   D. 对种类无要求

29. 熔化极气体保护焊时，总是促使熔滴过渡的力是_____。

A. 重力　　　　　B. 表面张力　　　　C. 电磁收缩力　　D. 斑点力

30. 仰焊操作中，应力求采用最小的间隙和＿＿＿＿＿。

A. 短弧　　　　　　　　　　　　B. 长弧

C. 打底短弧，盖面长弧　　　　　D. 弧长无影响

31. 熔化极气体保护焊时，其他条件不变而焊丝干伸长度过长易导致＿＿＿＿＿。

A. 裂纹　　　　B. 未焊透　　　　C. 喷嘴堵塞　　　　D. 喷嘴烧损

32. 对于不锈钢来说，焊缝表面呈金黄色或银色说明保护效果＿＿＿＿＿。

A. 最好　　　　B. 较好　　　　C. 保护效果不良　D. 最差

33. 板对接仰焊打底时应采用＿＿＿＿＿。

A. 断弧焊法　　　　　　　　　　B. 连弧焊法

C. 起焊段连弧法，后半段断弧法　D. 无所谓

34. 定位焊时使用的焊条与正式焊接时焊条相比较＿＿＿＿＿。

A. 合金元素含量要高　　　　　　B. 含碳量要低

C. 抗拉强度应高　　　　　　　　D. 型号应相同

35. 盖面层焊接时，在坡口边缘棱角处，电弧应＿＿＿＿＿。

A. 快速通过　　　　　　　　　　B. 适当停留

C. 与焊至焊缝中心的速度一致　　D. 拉高弧长

36. 所有焊缝均应在＿＿＿＿＿进行外观检验。

A. 冷却至室温后　B. 焊后立即　　C. 工作 24 h 后　D. 无要求

37. 大滴过渡的特征是熔滴直径＿＿＿＿＿焊丝直径。

A. 小于　　　　B. 等于　　　　C. 大于　　　　D. 小于等于

38. 熔化极气保焊据送丝方式不同，送丝系统分为三种类型，其中＿＿＿＿＿常用于自动熔化极气体保护焊中。

A. 推拉丝式　　B. 推丝式　　　C. 拉丝式　　　D. 组合式

39. 焊缝外观检验方法包括＿＿＿＿＿。

A. 超声波检测　B. 射线检测　　C. 直接外观检验方法　D. 力学性能试验

40. 对于熔化极脉冲氩弧焊来讲，脉冲电弧对熔池具有强烈的＿＿＿＿＿作用，可改善熔池的结晶条件及冶金性能，提高焊缝质量。

A. 搅拌　　　　B. 镇静　　　　C. 冲击　　　　D. 冷却

三、多项选择题（下列每题中的多个选项中，至少有 2 个是正确的，请将正确答案的代号填在横线空白处）

1. 熔化极气体保护焊与埋弧焊相比＿＿＿＿＿。

    A. 易实现窄间隙焊　　B. 节省填充金属　　C. 室外作业保护好　　D. 适合全位置焊

2. 熔化极气体保护焊适用于焊接_____。

    A. 铸铁　　　　　　　B. 碳钢和低合金钢　　C. 不锈钢　　　　　　D. 耐热合金

3. 熔化极气体保护焊的焊接电源按外特性类型可分为_____。

    A. 平特性　　　　　　B. 陡降特性　　　　　C. 缓降特性　　　　　D. 上升

4. 根据送丝方式的不同，送丝系统可分为_____。

    A. 都不对　　　　　　B. 推丝式　　　　　　C. 拉丝式　　　　　　D. 推拉式

5. MAG 焊可采用_____进行焊接。

    A. 短路过渡　　　　　　　　　　　　　　　B. 短路加喷射过渡

    C. 喷射过渡　　　　　　　　　　　　　　　D. 脉冲喷射过渡

6. 当冷却速度较慢时，焊缝背面会出现_____ 或正面出现_____、金属_____
等现象。

    A. 凹陷　　　　　　　B. 焊瘤　　　　　　　C. 未焊透　　　　　　D. 下淌

7. 熔化极气体保护焊产生气孔的主要原因有_____。

    A. 工件未清理干净　　　　　　　　　　　　B. 喷嘴与工件距离大

    C. 电弧电压高　　　　　　　　　　　　　　D. 保护气体覆盖不足

8. 不锈钢是_____的总称。

    A. 不锈钢　　　　　　　　　　　　　　　　B. 耐酸钢

    C. 耐热钢　　　　　　　　　　　　　　　　D. 不锈和碳钢复合钢

9. 不锈钢按化学成分分为_____。

    A. 铬不锈钢　　　　　B. 铬镍不锈钢　　　　C. 铁素体不锈钢　　　D. 奥氏体不锈钢

10. 奥氏体不锈钢中以不锈钢在焊接材料选用不当或焊接工艺不正确时，也会产
生_____。

    A. 晶间腐蚀　　　　　B. 应力腐蚀　　　　　C. 淬硬倾向　　　　　D. 热裂纹

11. 熔化极氩弧焊焊接不锈钢一般采用_____气体保护。

    A. Ar　　　　　　　　　　　　　　　　　　B. CO_2

    C. Ar+（1%～2%）CO_2　　　　　　　　　D. Ar+5%CO_2+2%O_2

12. 焊丝的干伸长度一般根据_____选择。

    A. 焊接电流的大小　　　　　　　　　　　　B. 焊丝直径

    C. 焊丝电阻率　　　　　　　　　　　　　　D. 保护气体成分

13. 利用熔化极脉冲氩弧焊可在较小的线能量下实现喷射过渡_____。

    A. 熔池的体积小　　　B. 冷却速度快　　　　C. 熔池不易保持　　　D. 焊接变形小

14. 自动焊的程序控制系统的主要作用是_____。

    A. 调节焊接电流或电压

    B. 控制水压开关动作，保证焊枪受到良好的冷却

    C. 控制引弧和熄弧

    D. 控制送丝和小车

15. 熔化极活性气体保护焊的焊接工艺参数包括_____。

    A. 焊接电流　　　B. 焊接速度　　　C. 焊丝伸出长度　　　D. 电源极性

16. 熔化极活性气体保护焊，其他条件不变当干伸长度过短时_____。

    A. 导致未焊透　　　B. 未熔合　　　C. 导致喷嘴堵塞　　　D. 导致喷嘴烧损

17. 对于不锈钢来说，焊后焊缝表面呈_____说明保护效果最好。

    A. 黑色　　　B. 金黄色　　　C. 银色　　　D. 灰色

18. 熔化极脉冲氩弧焊具有如下优点：_____。

    A. 焊接参数的调节范围增大　　　B. 有效地控制线能量

    C. 有利于实现全位置焊接　　　D. 焊缝质量好

19. 合格的焊缝外观应该具备条件_____等条件。

    A. 无裂纹　　　B. 焊道之间及焊道与母材间完全熔合

    C. 弧坑饱满，符合焊缝尺寸要求　　　D. 焊缝允许存在明显的咬边

20. 不锈钢熔化极脉冲氩弧焊操作要点包括_____。

    A. 焊枪角度与焊接工艺　　　B. 试板位置及组对

    C. 熔滴过渡形式　　　D. 操作姿势

参考答案及说明

一、判断题

1. √。焊接特点决定的。

2. √。由化学成分决定的。

3. √。由钢的焊接性决定的。

4. √。因热量集中。

5. √。应保护好，热量集中。

6. ×。可以是平、缓降、陡降特性。

7. √。因保护气氛有氧化性。

8. ×。可有三种过渡形式。

9.×。当冷却速度较慢时，焊缝背面会出现凹陷。

10.×。随焊接进行间隙变小，故应小于。

11.√。咬边缺陷原因。

12.√。熔深大。

13.×。采用熔化极脉冲焊时，熔池形状是圆弧状熔深。

14.√。此是定义。

15.×。在加工、使用和保养不妥时，不锈钢也会生锈。

16.×。应是较差。

17.√。此是定义、分类依据。

18.×。应是不锈钢的热导率低于碳钢。

19.√。由成分和组织决定的。

20.×。奥氏体不锈钢焊接时冷裂倾向小。

21.√。减少在敏化区停留时间。

22.√。由组织特点决定的。

23.√。效果好。

24.×。采用1.6 mm的焊丝合适。

25.√。合适，大小均不利。

26.√。热输入小，变形小。

27.×。可以在平均电流小于临界电流条件下获得射流过渡。

28.×。既能焊薄板，又能焊厚板。

29.√。对于热敏感材料在焊接时能保证质量。

30.×。熔化极脉冲氩弧焊熔滴过渡方式中一脉一滴的工艺性能最好。

31.×

32.×。此为程序系统控制的项目。

33.√　34.√

35.×。仰焊时是阻碍力。

36.×。应短弧。

37.√　38.√

39.×。应采用连弧法。

40.√。此为熔化极脉冲氩弧焊的突出优点。

41.×。此为脆化的定义。

42.×。型号应相同。

43. √   44. √   45. ×

46. ×。应该是三种。

二、单项选择题

1. D。保护好。

2. A。因热量集中。

3. B。适合焊接绝大部分金属材料。

4. B。因保护气氛有氧化性且温度高。

5. A。这是自动熔化极氩弧焊合适的焊接速度。

6. A。因受重力作用，液态金属下坠使背面凹陷。

7. D。随焊接进行间隙变小。

8. A。其他选项不是造成裂纹的原因。

9. B。熔深大。

10. D。此为熔化极脉冲焊的特点。

11. B。单面焊双面成形定义。

12. B   13. A

14. A。采用适当比例的富氩混合气体效果好。

15. C。合适的焊接参数。

16. B。合适的焊接参数。

17. A。气流大产生的现象。

18. D。热输入小，变形小。

19. B。此为熔化极脉冲焊的特点。

20. A。此为熔化极脉冲焊的特点，既能焊薄板，又能焊厚板。

21. B。此为熔化极脉冲焊的特点。

22. C。共有三种。

23. A。一脉一滴一般是射滴过渡，熔滴大小均匀，工艺性好。

24. B。对填充层的要求。

25. B

26. A。BCD是程序控制系统的内容。

27. D   28. C   29. C

30. A。为保证熔滴过渡须用短弧。

31. B   32. A

33. B。因断弧法在仰焊时不易掌握。

34. D。保证定位焊质量与正式焊缝质量相同。

35. B。保证边缘熔合良好。

36. A 37. C 38. C

39. C。其他选项不属于外观检验。

40. A

三、多项选择题

1. ABD。因气体保护，故室外作业保护不如熔渣保护好。

2. BCD。铸铁适于用加热速度慢的焊接方法。

3. ABC。不能是上升的。

4. BCD

5. ACD。短路和喷射不能同时产生。

6. ABD。焊速慢造成的缺陷。

7. ABCD。形成气孔的原因。

8. ABC。此为不锈钢定义。

9. AB。此为分类依据。

10. ABD。当焊接工艺不恰当时容易产生此三种缺陷。

11. CD。采用富氩保护效果好。

12. ABC。与保护气体成分无关。

13. AB。此为熔化极脉冲焊的特点。

14. BCD。A是基本控制系统的内容。

15. ABCD

16. CD。其他项是因为伸出长引起。

17. BC 18. ABCD 19. ABC

20. ABD。熔滴过渡形式不是操作要点。

第3章 非熔化极气体保护焊

考 核 要 点

理论知识考核范围	考核要点	重要程度
低合金结构钢管对接固定加障碍手工钨极氩弧焊	1. 手工钨极氩弧焊的特点及焊接参数	★★★
	2. 低合金结构钢及珠光耐热钢的焊接性	★★★
	3. 低合金结构钢及珠光耐热钢的焊接工艺要点	★★★
	4. 低合金结构钢管对接固定加障碍手工钨极氩弧焊操作要求	★★★
不锈钢管或异种钢管对接的水平固定、垂直固定和45°固定手工钨极氩弧焊	1. 金属焊接性的定义	★★
	2. 影响金属焊接性的因素	★★★
	3. 金属焊接性的评定试验方法	★★★
	4. 钢焊接性的评估方法	★★★
	5. 不锈钢管或异种钢管对接手工钨极氩弧焊操作要求	★★★
不锈钢薄板的等离子弧焊接工艺	1. 等离子弧产生的原理、特点及类型	★★
	2. 等离子焊机、电极及工作气体	★★
	3. 不锈钢薄板的焊接性	★★★
	4. 不锈钢薄板的等离子弧焊接工艺	★★★
	5. 不锈钢薄板等离子弧焊焊接残余应力产生的原因及控制措施	★★★
	6. 不锈钢薄板等离子弧焊时容易出现的问题及控制措施	★★★
	7. 等离子弧焊安全措施	★★★
	8. 焊接接头晶间腐蚀试验及目的	★

注："重要程度"中，"★"为级别最低，"★★★"为级别最高。

重点复习提示

一、低合金结构钢管对接固定加障碍手工钨极氩弧焊

1. 手工钨极氩弧焊的特点和焊接参数

钨极气体保护焊是利用高熔点钨棒作为一个电极，以工件作为另一个电极，并利用氩

气、氦气或氩氦混合气体作为保护介质的一种焊接方法。

（1）手工钨极氩弧焊的优缺点

手工钨极氩弧焊的优点：焊接过程稳定、电弧能量参数可精确控制；焊接质量好；适于薄板焊接、全位置焊接以及不加衬垫的单面焊双面成形工艺；焊接过程易于实现自动化焊缝区无熔渣，焊工可清楚地看到熔池和焊缝成形过程。

手工钨极氩弧焊的缺点：抗风能力差，对工件清理要求较高，生产率低。

（2）手工钨极氩弧焊的焊接参数

手工钨极氩弧焊的焊接参数包括钨极直径与端部形状。

钨极直径根据材质、厚度、坡口形式、焊接位置、焊接电流、电源极性进行选择。焊接时，当电流超过允许值时，钨极会强烈发热熔化和挥发，使电弧不稳定并会产生焊缝夹钨等缺陷。

在使用直流正接时，钨极端部呈锥形或钝头锥形，易于高频引弧，且起弧后电弧稳定。钨极端部的锥角越小，焊道宽度越小，熔深越深。

（3）影响保护效果的主要因素

1）氩气纯度与流量。

2）喷嘴直径与气体流量。

3）喷嘴至工件距离。

4）焊接速度与外界气流。

5）焊接接头形式。

6）被焊金属材料。

另外，焊接电流、电弧电压、焊炬倾角、钨极伸出喷嘴长度等都会对保护效果有一定影响。

2. 低合金结构钢及珠光耐热钢的焊接性

（1）低合金结构钢的焊接性

低合金结构钢的焊接性与低碳钢相比，热影响区淬火倾向比低碳钢稍大，对氢的敏感度较强，尤其在焊接接头受较大拘束应力时，容易产生各种裂纹。因此，焊接该类钢时的主要问题是控制裂纹和脆性。

1）在强度级别较高的厚板结构中，如 500 MPa 级的 18MnMoNb、14MnMoVN 等焊接结构件中容易产生冷裂纹。

2）虽然在低合金结构钢的焊接中，热裂纹的产生倾向比冷裂纹倾向小，但在焊接熔池中因冶金因素，如化学成分、组织偏析及力的因素，焊缝结晶时，低熔点的有害杂质（主要是碳、硫）不容易从熔池中浮出，积聚在结晶交界面上形成热裂纹。

3）随着焊接构件向着高参数、大容量方向发展而结构增大，截面增厚，在经受了一次焊接热循环后，为消除应力而进行的热处理或在高温的工作条件，在焊接接头中有明显的再热裂纹倾向。

4）低合金结构钢的焊接热影响区的过热组织是魏氏体组织或淬硬组织，是整个焊接接头中塑性与韧性最差的区域，又叫脆性区。

（2）珠光体耐热钢焊接性

珠光体耐热钢是低合金耐热钢，以铬、钼、钒为主要合金元素的低合金钢。珠光体耐热钢有两个特殊性能：一是高温强度，二是高温抗氧化性。

衡量耐热钢高温强度的指标有两个：一个是蠕变强度，另一个是持久强度。

影响耐热钢高温强度大小的主要因素是钢的化学成分。钼元素的熔点很高，因而能显著提高金属的高温强度，所以珠光体铬钼耐热钢都含有钼。

在钢中加入铬，由于铬和氧的亲和力比铁和氧的亲和力强，高温时，在金属表面首先形成氧化铬，形成一层保护膜，从而防止内部金属氧化。所以珠光体耐热钢中一般都含有铬，铬除了能提高钢的高温抗氧化性外，还可以提高钢的高温耐腐性。

由于该类钢种各合金元素的共同作用，在焊接时，如果冷却速度较大，有明显的空淬倾向，极易形成淬硬组织，尤其是在热影响区，会产生脆而硬的马氏体组织，在拘束应力作用下而产生冷裂纹。淬硬程度取决于冷却速度与合金元素的含量，钢中含碳、铬量越多，淬硬倾向越大。

该类钢因含有对再热裂纹敏感的元素较多，如钼、铌、钒、硼等，加上焊后的重复加热（热处理及其他热加工）时，应考虑采取防止再热裂纹的措施。

3. 低合金结构钢及珠光耐热钢的焊接工艺要点

（1）低合金结构钢焊接工艺

1）焊前准备。坡口加工与清理，一般可用火焰切割或碳弧气刨，要求精度高时，可采用机械加工。

坡口两侧应去除水、油、锈及污物等；严格控制焊接材料的硫磷含量，应根据母材的强度等级选用相应强度级别的焊接材料，不应选择与母材化学成分相同的焊接材料。

装配时，装配间隙不可过大，要尽量避免强制装配，定位焊焊缝要有足够的厚度和长度（对较薄板的厚度应不小于4倍板厚）。

2）线能量的选择。控制焊接线能量是焊接低合金结构钢的一个重要原则。对强度等级为300 MPa的钢材，焊接线能量一般不加严格限制。对强度等级为350 MPa以上的钢材，焊接线能量应与其他参数（如板厚、预热温度、层间温度）相关联的考虑，确定一个可用的线能量范围。

3）预热、层间保温及后热。预热可起防止冷裂纹，降低冷却速度，减小焊接应力的作用，与适当的焊接线能量配合还可控制焊接接头的组织与性能。为保持预热的作用并促进焊缝和热影响区中的氢扩散逸出，层间温度通常应等于或略高于预热温度，预热与层间温度过高，均可能引起某些焊接接头组织与性能的恶化。

后热可加速氢的扩散逸出，主要用于强度级别较高的低合金结构钢和大厚度的焊接结构。后热温度一般为200～300℃，时间一般为2～6 h，后热也叫"消氢处理"。

（2）珠光耐热钢的焊接工艺

1）焊接方法。主要采用焊条电弧焊，手工钨极氩弧焊或手工钨极氩弧焊打底、焊条电弧焊填充并盖面。

2）施焊要求。定位焊和正式施焊前一般都需要预热，刚性大、对焊接质量要求高的结构宜整体预热并保持层间温度不低于预热温度；不允许强制装配；厚板结构宜采用多层多道焊，增加焊缝的"自回火"作用；为降低裂纹倾向，应尽量减少对焊接接头的拘束度；焊后一般要求采取保温措施，重要的结构焊后还需经焊后热处理（在预热温度上限值保温数小时后再开始缓冷）。

3）焊后热处理。为了消除焊接应力，改善焊接接头的综合力学性能，提高高温性能和防止变形，焊后必须进行热处理。一般用高温回火，由于该类钢有延迟裂纹倾向，焊后尽可能立即进行热处理，如果焊后不能立即进行热处理时，则应增加消氢措施，温度为200～350℃，保温时间视壁厚而定。

4）焊接材料选择。珠光体耐热钢焊接材料的选择原则，应保证焊缝金属化学成分与力学性能与母材相当，焊条在使用前应按规定严格烘焙，按焊条使用规定进行发放和回收。

4. 低合金结构钢管对接固定加障碍手工钨极氩弧焊操作要求

小口径钢管管排固定对接（如水平固定对接、垂直固定对接、一定角度固定对接）主要用于电站锅炉的受热面管子（如对流管束、膜式水冷壁、过热器、再热器、省煤器蛇形管系）的制造、安装过程中。其常用的低合金钢管为珠光体耐热钢，如15CrMoG、12Cr1MoVG等。

管径≤76 mm低合金钢管水平固定对接、垂直固定对接、45°固定对接加排管障碍手工钨极氩弧焊正是基于上述实践应用而设定的技能考察项目。

管径≤76 mm低合金钢管水平固定对接、垂直固定对接、45°固定对接加排管障碍手工钨极氩弧焊与不加排管障碍的管径≤76 mm低合金钢管水平固定对接、垂直固定对接、45°固定对接手工钨极氩弧焊的基本焊接要求、操作手法等都是一样的，由于加排管障碍，要求操作者要根据实际障碍情况，灵活运用各种操作手法，避开障碍，实现焊接。

小口径钢管管排固定对接（如水平固定对接、垂直固定对接、一定角度固定对接）焊接操作技能要求如下。

（1）能进行右手握枪、左手填丝和左手握枪、右手填丝的手工钨极氩弧焊技术。

（2）能采用连续送丝法进行焊接。

（3）能进行多层多道焊。

（4）必要时，可采用规格更小的喷嘴和焊枪。

（5）焊接时，对视线盲点，可采用反光镜进行观察。不过镜子中的影像与实际操作是相反的。

（6）由于施焊空间狭小，焊接时，要防止焊枪、焊丝与工件连电。

（7）层间温度控制在≤80℃。

二、不锈钢管或异种钢管对接的水平固定、垂直固定和 45°固定手工钨极氩弧焊

1. 金属焊接性的定义

金属焊接性是金属材料对焊接加工的适应性，主要指在一定的焊接工艺条件下，能获得优质焊接接头的难易程度。它包括两方面的内容：其一是接合性，其二是使用性能。

2. 影响金属焊接性的因素

金属焊接性既与金属材料本身的性质有关，又与工艺条件、结构形成和使用条件等因素有关。

（1）材料因素。母材本身的理化性能对其焊接性起到决定性的作用。焊接材料对母材的焊接性也有很大的影响。通过调整焊接材料的成分和变化熔合比，可以在一定程度上改善母材的焊接性。

（2）工艺因素。焊接方法对焊接性的影响很大，它主要体现能量密度和保护条件。除焊接方法之外，其他工艺措施，如预热、缓冷、后热、坡口处理、焊接顺序等也对焊接性有很大的影响。

（3）结构因素。焊接接头的结构设计直接影响到它的刚度、拘束应力的大小与方向。而这些又影响到焊接接头的各种裂纹倾向。尽量减小焊接接头的刚度、减小交叉焊缝、减小各种造成应力集中的因素，是改善金属焊接性的重要措施之一。

（4）使用条件。焊接接头所承受载荷的性质、工作温度的高低和工作介质的腐蚀性，均属于使用条件。使用条件的要求程度也必然影响到金属材料的焊接性。

3. 金属焊接性的评定试验方法

金属焊接性的评定主要是通过各种焊接性试验来进行的。广义的焊接性试验包括对母材和焊接接头的一系列全面试验、分析。

（1）对母材进行的试验。

（2）对焊接接头进行的检验。

4. 钢焊接性的评估方法

（1）碳当量法。碳当量法是根据钢材化学成分与焊接热影响区淬硬性的关系，把钢中合金元素（包括碳）的含量，按其作用折算成碳的相当含量（以碳的作用系数为1）作为粗略地评定钢材焊接性的一种参考指标。计算碳当量的经验公式很多，常用的是国际焊接学会推荐的公式：

$$C_{eq} = C + \frac{Mn}{6} + \frac{Cr + Mo + V}{15} + \frac{Ni + Cu}{5}(\%)$$

碳当量 C_{eq} 值越大，钢材的淬硬倾向越大，冷裂纹敏感性也越大。经验指出，当 $C_{eq} < 0.4\%$ 时，钢材的焊接性良好，淬硬倾向不明显，焊接时不必预热；当 $C_{eq} = 0.4\% \sim 0.6\%$ 时，钢材的淬硬倾向逐渐明显，需要采取适当的预热和控制线能量等措施；当 $C_{eq} > 0.6\%$ 时，淬硬倾向明显，属于较难焊接的材料，必须采取较高的预热温度和严格的工艺措施。

（2）直接试验法。正确控制焊接工艺参数，按规定要求焊接工艺试板，检测焊接接头对裂纹、气孔、夹渣等缺陷的敏感性，作为评定材料的焊接性、选择焊接方法和工艺参数的依据。

5. 不锈钢管或异种钢管对手工钨极氩弧焊操作要求

管径≤76 mm 不锈钢管或异种钢管对接的水平固定、垂直固定和45°固定手工钨极氩弧焊焊接操作技能要求如下。

（1）能进行右手握枪、左手填丝和左手握枪、右手填丝的手工钨极氩弧焊技术。

（2）能采用连续送丝法进行焊接。

（3）能进行多层多道焊。

（4）焊接时，对视线盲点，可采用反光镜进行观察。不过镜子中的影像与实际操作是相反的。

（5）层间温度控制在≤80℃。

三、不锈钢薄板的等离子弧焊接

1. 等离子弧产生的原理、特点及类型

（1）等离子弧产生的原理

对自由电弧的弧柱进行强迫压缩，就能将电弧截面压缩得比较小，弧柱中的气体将充分电离，从而使电弧的温度、能量密度和等离子体流速均显著增大，这种利用外部约束使弧柱受到压缩的电弧就是通常所说的等离子弧。电弧受到的压缩作用也称为"压缩效应"。

（2）等离子弧特点

1）温度高、能量密度大。

2）电弧挺度好。

3）具有很强的机械冲刷力。

（3）等离子弧的类型

根据电源的不同接法，等离子弧可以分为非转移型弧、转移型弧和联合型弧三种。

（4）等离子弧焊的分类

等离子弧焊接分为三种基本方法：小孔型等离子弧焊、熔透型等离子弧焊和微束型等离子弧焊。

（5）等离子弧焊的特点

1）焊接速度明显提高，可达到手工 TIG 焊速度的 4～5 倍。

2）焊缝性能优良，可以得到与母材成分和性能相同的焊缝。

3）在可焊厚度范围内，更容易获得整齐美观的全焊透焊缝，可满足 100% 射线探伤要求。

4）电弧热量集中，热影响区小，焊接残余应力和变形小，

5）焊接过程中电弧挺度大，稳定性好，操作容易。

2. 等离子焊机、电极及工作气体

（1）等离子弧焊机

等离子弧焊机分为自动焊等离子弧焊机和手工等离子弧焊机。手工等离子弧焊机是由焊接电源、焊枪、气路和水路系统、控制系统等部分组成，其外部线路连接。

（2）电极材料

一般采用铈钨极作为电极。焊接不锈钢、合金钢、钛合金、镍合金等采用直流正接；焊接铝合金、镁合金时，采用直流反接，并使用水冷式镶嵌电极。

（3）工作气体

等离子弧焊所采用的工作气体分为离子气和保护气体两种。

大电流等离子弧焊时，离子气和保护气体应使用同一种气体，否则会影响等离子弧的稳定性。

小电流等离子弧焊时，离子气一律使用氩气；保护气体可以采用氩气，也可以采用混合气体。

3. 不锈钢薄板的焊接性

（1）晶间腐蚀

奥氏体不锈钢在选择焊接材料不当和焊接工艺不合理时，会在焊缝和焊接热影响区产生

晶间腐蚀。晶间腐蚀是奥氏体不锈钢危害最大的缺陷。从表面上虽看不到明显的痕迹，但耐腐蚀性能会大大下降，强度甚至完全丧失，在应力作用下将沿晶界断裂。

预防措施：1）控制焊缝含碳量，尽量采用超低碳（C≤0.03％）焊丝进行焊接；2）尽量选择加入钛、铌等与碳亲和力强的元素的不锈钢母材和焊丝；3）焊后进行固溶处理和稳定化处理；4）在焊缝中加入铁素体形成元素，使焊缝形成奥氏体和铁素体的双相组织（铁素体含量5％～10％）；5）增加焊接接头的冷却速度，采用小电流、大焊速、短弧、多道焊等措施，缩短接头敏化温度区停留时间。

（2）焊接热裂纹

奥氏体不锈钢焊接时比较容易产生热裂纹，特别是含镍量较高的奥氏体不锈钢更容易产生。其主要原因：一是奥氏体不锈钢液、固相线的区间较大，结晶时间较长，且奥氏体结晶方向性强，使低熔点共晶杂质偏析且集中于晶界；二是奥氏体不锈钢的线膨胀系数大，焊接时会产生较大的焊接内应力。

预防热裂纹的措施：1）严格控制焊缝硫、磷等杂质含量；2）采用双相组织，使焊缝形成奥氏体和铁素体的双相组织；3）在焊接工艺上采用碱性焊条、小电流、快速焊等措施，收尾时要填满弧坑。

4. 不锈钢薄板的等离子弧焊焊接工艺

（1）焊前准备

1）下料方法的选择。不锈钢薄板一般采用剪板机剪切或采用等离子切割机切割下料。

2）坡口制备。一般焊件厚度在8 mm以下不需要加工坡口，8 mm以上可考虑加工V形或U形坡口。

3）焊前清理。将焊件坡口两侧20～30 mm范围内用丙酮擦净，并涂白垩粉，以防止奥氏体不锈钢板表面被飞溅金属损伤。

4）表面保护。在搬运、坡口制备、装配及定位焊过程中，应注意避免损伤钢板表面，并防止变形，以免使产品的耐蚀性降低。不得随意到处引弧。

（2）焊接材料的选用

奥氏体不锈钢焊接材料的选择原则，应使焊缝的合金成分与母材的成分基本相同，并尽量减低焊缝金属中碳、硫、磷的含量。

（3）焊接参数的选定

等离子弧焊的焊接参数主要包括焊接电流、焊接速度、等离子气流量以及喷嘴离工件的距离和保护气流量等。

1）焊接电流。

2）焊接速度。

3) 喷嘴离工件的距离。

4) 等离子气及保护气体流量。

（4）接头形式和装配要求

工件厚度小于 1.6 mm 时，采用微束等离子弧焊时，接头形式可采用对接、卷边对接、卷边角接、端接接头，采用 I 形坡口，不留间隙，用熔透法单面焊双面成形一次焊透。

（5）引弧及收弧

板厚小于 3 mm 时，可直接在工件上引弧和收弧。利用穿透法焊接厚板时，引弧及熄弧处容易产生气孔、下凹等缺陷。对于直缝，可采用引弧板及熄弧板来解决这个问题。

5. 不锈钢薄板等离子弧焊焊接残余应力产生的原因及控制措施

因为奥氏体不锈钢的热导率低于碳钢，约为碳钢的 1/3；热膨胀系数比碳钢约大 50%，加之薄不锈钢板在焊接过程中容易过热，热影响区宽，所以奥氏体不锈钢薄板焊接残余应力和焊接残余变形比焊接碳钢时大得多。

控制焊接残余应力的工艺措施：（1）选择合理的焊接顺序；（2）选择合理的焊接工艺参数；（3）加快冷却速度。

6. 不锈钢薄板等离子弧焊时容易出现的问题及控制措施

（1）咬边

焊接参数选择不当，如电流太大、焊接速度过快、离子气流量过大或电极与喷嘴不同轴、装配不当产生及电弧偏吹，容易产生咬边缺陷。

预防措施：选择较小的焊接电流和离子气流量，控制装配质量，防止等离子弧偏吹。

（2）气孔

焊前清理不彻底、焊接电流过大、焊速过快、电弧电压太高、填丝太快，以及使用穿透法焊接时，离子气体未能从背面小孔中排出，很容易产生气孔缺陷。

预防措施：选择较小的焊接电流、适当的焊接速度；采用短弧焊接；填丝速度要慢；采取保护措施。

（3）波浪变形

焊接电流过大、电弧电压过高、焊接速度太慢时，容易产生波浪变形。

预防措施：采用较小的焊接电流，较快的焊接速度和短弧焊接；采取强迫冷却措施。

（4）防止产生双弧的措施

1) 正确选择焊接电流和离子气流量。

2) 喷嘴孔径不要太长，喷嘴到焊件距离不宜太近。

3) 电极与喷嘴尽可能同心，电极内缩量适宜，不要太大。

4) 加强对喷嘴和电极的冷却。

5）减小转移弧的冲击电流。

7. 等离子弧焊安全措施

（1）等离子弧焊接时，空载电压较高，为防止触电，焊机一定要接地，焊枪手把应绝缘可靠。

（2）等离子弧光及紫外线辐射比较强烈，焊工应注意眼睛和皮肤的保护。

（3）等离子弧焊接时会产生大量的金属蒸气、臭氧、氮化物及烟尘等，工作场地应设置通风设备，做好通风除尘工作。

（4）高频振荡器的高频辐射对人体会产生一定危害，引弧频率以 $20\sim60$ kHZ 较为合适。同时焊件应可靠接地，转移弧引燃后，应迅速切断高频振荡器电源。

8. 焊接接头晶间腐蚀试验及目的

不锈钢晶间腐蚀试验分为 A、B、C、D、E 五种方法：A 法为 10％草酸浸蚀试验，B 法为硫酸—硫酸铁腐蚀试验，C 法为 65％硝酸腐蚀试验，D 法为硝酸—氢氟酸腐蚀试验，E 法为硫酸—硫酸铜腐蚀试验。实际工作中奥氏体不锈钢晶间腐蚀试验广泛采用 E 法。

不锈钢焊接接头晶间腐蚀试验的目的：给定的条件下（介质、浓度、温度、腐蚀方法及应力状态等），测量金属的抗腐蚀能力，估计使用寿命，分析腐蚀原因，找出防止腐蚀或延缓腐蚀的方法。

晶间腐蚀试验结果评定方法：焊接接头沿熔合线进行弯曲，试样弯曲角度为180°。弯曲后的试样在 10 倍放大镜下观察弯曲表面，评定有无晶间腐蚀而产生的裂纹，来确定有无晶间腐蚀倾向。试样不能进行弯曲评定或裂纹难以判断时，则采用金相法观察。

辅导练习题

一、判断题（下列判断正确的请在括号中打"√"，错误的请在括号内打"×"）

1. 氩气是一种惰性气体，它既不溶于液态金属，又不与金属起任何化学反应。（   ）

2. 手工钨极氩弧焊抗风能力强，对工件清理要求不高。（   ）

3. 手工钨极氩弧焊时，采用不同电源极性和不同直径钍钨极时许用电流不同。（   ）

4. 氩气气体流量越大，保护层抵抗流动空气影响的能力越强，其保护效果越好。（   ）

5. 低合金结构钢的焊接中，应根据母材的强度等级选用相应强度级别的焊接材料。

（   ）

6. 预热可起防止冷裂纹，降低冷却速度，减小焊接应力的作用。（   ）

7. 层间温度通常应等于或略高于预热温度，预热与层间温度过高，均可能引起某些焊接接头组织与性能的恶化。

（   ）

8. 影响耐热钢高温性能的主要因素是钢的化学成分。（　　）

9. 重要的高压厚壁管道大多采用手工钨极氩弧焊打底，焊条电弧焊盖面的焊接方法。

（　　）

10. 珠光体耐热钢焊接材料的选择原则，应保证焊缝金属力学性能与母材相当。（　　）

11. 金属材料对焊接加工的适应性，主要指在一定的焊接工艺条件下，能获得优质焊接接头的难易程度。（　　）

12. 焊接性是指金属材料的一种工艺性能，它与材料本身的性质无关。（　　）

13. 尽量减小焊接接头的刚度、减小交叉焊缝、减小各种造成应力集中的因素，是改善金属焊接性的重要措施之一。（　　）

14. 碳当量 C_{eq} 值越大，钢材的淬硬倾向越大，冷裂纹敏感性也越大。（　　）

15. 利用外部约束使弧柱受到压缩的电弧就是通常所说的等离子弧。（　　）

16. 非转移型等离子弧主要用于喷涂、焊接和切割较薄的金属和非金属材料。（　　）

17. 利用等离子弧焊焊接铝合金、镁合金时，应采用直流正接。（　　）

18. 利用等离子弧焊焊接时，焊接电流、离子气和焊接速度三个参数必须匹配。（　　）

19. 因为奥氏体不锈钢不会产生淬硬现象，焊接过程中可以直接采用水冷。（　　）

20. 等离子弧光及紫外线辐射比较强烈，焊工应注意眼睛和皮肤的保护。（　　）

21. 焊接奥氏体不锈钢最主要的问题是防止晶间腐蚀。（　　）

22. 钨极氩弧焊在使用直流反接时，钨极端部呈锥形或钝头锥形，易于高频引弧，且起弧后电弧稳定。（　　）

23. 钨极氩弧焊使用氩气纯度越低，保护效果越差。（　　）

24. 后热就是焊后热处理。（　　）

25. 预热、层间保温及后热在加热时，应在坡口两侧 75～100 mm 内保持一个均热带。

（　　）

26. 珠光体耐热钢是高合金钢的一类。（　　）

27. 珠光体耐热钢有两个特殊性能：一是高温强度（又叫抗热性），二是高温抗氧化性（又叫热稳定性）。（　　）

28. 衡量耐热钢高温强度的指标有两个：一个是蠕变强度，另一个是持久强度。（　　）

29. 焊接耐热钢时，要求焊缝金属具有良好的抗氧化能力，较高的蠕变极限及持久强度。

（　　）

30. 合理的焊接结构设计也是改善金属焊接性的重要措施之一。（　　）

二、单项选择题（下列每题有4个选项，其中只有1个是正确的，请将其代号填写在横线空白处）

1. 手工钨极氩弧焊采用直流正接小电流时，钨极尖部的形状应为_____形状。

    A. 半球   B. 尖锥   C. 钝头锥   D. 平台

2. 手工钨极氩弧焊焊接不锈钢时焊缝颜色为_____时保护效果最好。

    A. 金黄色   B. 灰色   C. 黑色   D. 蓝色

3. 手工钨极氩弧焊时，喷嘴至工件距离一般推荐为_____mm左右。

    A. 3   B. 5   C. 6   D. 10

4. 钨极氩弧焊采用_____引弧时，钨极不必与工件接触，只要在钨极与工件间相距4～5 mm处启动，即可引燃电弧，如果钨极与工件短路引弧，钨极容易烧损。

    A. 声波振荡器   B. 脉冲引弧器   C. 低频发射器   D. 高频振荡器

5. 母材强度级别较高的钢比强度级别较低的钢焊接后更易产生_____。

    A. 应力腐蚀裂纹   B. 冷裂纹   C. 热裂纹   D. 结晶裂纹

6. 低合金结构钢的焊接热影响区的过热组织是_____组织或淬硬组织。

    A. 索氏体   B. 珠光体   C. 马氏体   D. 魏氏体

7. 对于强度级别较高的低合金结构钢和大厚度的焊接结构，后热主要作用是_____。

    A. 消氢   B. 去应力   C. 改善组织   D. 防止变形

8. 后热温度一般在_____℃范围内，保温时间与焊接厚度有关，一般为2～6 h。

    A. 100～200   B. 200～300   C. 300～500   D. 400～600

9. 珠光体耐热钢是低合金耐热钢，以_____为主要合金元素的低合金钢。

    A. 铬、钼、钒   B. 锰、钛、铌   C. 铬、镍、钛   D. 锰、钒、钛

10. 金属在高温时，单位面积上长期受一定的力便会断裂，此应力即为该金属的_____。

    A. 抗拉强度   B. 屈服强度   C. 持久强度   D. 断裂韧度

11. 在焊接珠光体耐热钢时，如果冷却速度较大，极易在热影响区，产生脆而硬的_____组织引起冷裂纹。

    A. 珠光体   B. 马氏体   C. 魏氏体   D. 铁素体

12. 珠光体耐热钢焊接材料的选择原则，应保证焊缝金属_____与力学性能与母材相当。

    A. 化学成分   B. 组织   C. 物理性能   D. 化学性能

13. 国际焊接学会推荐的碳当量计算公式为_____。

    A. $C_E = C + Mn/6 + (Ni+Cu)/15 + (Cr+Mo+V)/5$

B. $C_E=C+Mn/15+（Ni+Cu）/6+（Cr+Mo+V）/5$

C. $C_E=C+Mn/5+（Ni+Cu）/6+（Cr+Mo+V）/15$

D. $C_E=C+Mn/15+（Ni+Cu）/5+（Cr+Mo+V）/6$

14. 钢的碳当量 C_E _____时，其焊接性能优良。

  A. ≥0.4%   B. ≤0.4%   C. >0.4%   D. <0.4%

15. 通过焊接接头拉伸试验，可以测定焊缝金属及焊接接头的_____、屈服点、延伸率和断面收缩率。

  A. 弹性   B. 韧性   C. 抗拉强度   D. 硬度

16. 测定焊接接头塑性大小的试验主要是_____。

  A. 弯曲试验   B. 硬度试验   C. 腐蚀试验   D. 疲劳试验

17. 弯曲试验的目的是用来测定焊缝金属或焊接接头的_____。

  A. 韧性   B. 致密性   C. 塑性   D. 疲劳性

18. 硬度试验的目的是测量焊缝和热影响区金属材料的硬度，并可间接判断材料的_____。

  A. 冲击性   B. 焊接性能   C. 疲劳性   D. 屈服性

19. 等离子弧由于电离程度高，放电过程稳定，在"压缩效应"作用下，等离子弧的扩散角仅为_____℃。

  A. 45   B. 25   C. 5   D. 15

20. 小孔型等离子弧焊在_____作用下，熔化的金属不会从小孔中滴落下去，产生小孔效应。随着焊枪的前移，小孔在电弧后锁闭，形成完全熔透的焊缝。

  A. 重力   B. 电磁收缩力

  C. 等离子流力   D. 表面张力

21. 熔透型等离子弧焊，主要用于_____的单面焊双面成形及厚板的多层焊。

  A. 薄板   B. 中厚板   C. 超薄件   D. 厚板

22. 采用_____A以下的焊接电流进行熔透型的焊接称为微束等离子弧焊。

  A. 300   B. 100   C. 50   D. 30

23. 等离子弧焊的特点之一是焊接速度明显提高，可达到手工钨极氩弧焊焊接速度的_____倍。

  A. 1~2   B. 2~3   C. 4~5   D. 5~8

24. 在等离子弧焊的焊接回路中加入了_____引燃装置，便于可靠引弧。

  A. 声波振荡器 B. 脉冲引弧器 C. 低频发射器 D. 高频振荡器

25. 常用的LH-30型小电流等离子焊机，焊接电源的空载电压为135 V、额定焊接电流_____ A、维弧电流 2 A，可焊接焊件厚度 0.1～1 mm。

    A. 3   B. 30   C. 300   D. 130

26. 钨极内缩长度由钨极的安装位置确定，对等离子弧的压缩和稳定性有很大的影响，增大内缩长度电弧压缩程度会大大_____。

    A. 减小   B. 降低   C. 缩短   D. 提高

27. 等离子弧焊焊接不锈钢、合金钢、钛合金、镍合金等时采用_____。

    A. 直流正接   B. 直流反接

    C. 交流   D. 直流正接、直流反接均可

28. 奥氏体不锈钢焊接时比较容易产生热裂纹，特别是_____的奥氏体不锈钢更容易产生。

    A. 含镍量较低   B. 含镍量较高   C. 含铬量较高   D. 含碳量较低

29. 奥氏体不锈钢的_____，焊接时会产生较大的焊接内应力。

    A. 熔点高   B. 导热系数大

    C. 线膨胀系数大   D. 线膨胀系数小

30. 焊接奥氏体不锈钢时，使焊缝形成_____的双相组织可以防止热裂纹产生。

    A. 珠光体和铁素体   B. 奥氏体和铁素体

    C. 奥氏体和马氏体   D. 马氏体和铁素体

31. 珠光体耐热钢焊后应进行焊后热处理，热处理方式应为_____。

    A. 淬火   B. 高温回火   C. 低温回火   D. 正火

32. 小径管道垂直固定打底焊时，熔池的热量要集中在坡口下部、以防止上部坡口过热，母材熔化过多，产生_____或焊缝背面下坠。

    A. 未焊透   B. 未熔合   C. 咬边   D. 凹坑

33. 钨极氩弧焊焊接时，当电流超过允许值时，钨极会强烈发热熔化和挥发，使电弧不稳定并会产生焊缝_____等缺陷。

    A. 未熔合   B. 未焊透   C. 夹渣   D. 夹钨

34. 钼元素的熔点很高，因而能显著提高钢的_____，所以珠光体铬钼耐热钢都含有钼。

    A. 冲击韧度   B. 焊接性能

    C. 高温强度   D. 高温抗氧化性

35. 低合金结构钢的焊接中，一般来说热裂纹的产生倾向比冷裂纹倾向_____。

    A. 小   B. 大   C. 大得多   D. 一样大

36. 一般说来，理化性能、晶体结构接近的金属材料比较_____实现焊接。

　　A. 较难　　　　　　　B. 容易　　　　　　　C. 更难　　　　　　　D. 不容易

37. 当 C_{eq}＿＿＿＿＿时，淬硬倾向明显，属于较难焊接的材料，必须采取较高的预热温度和严格的工艺措施。

　　A. ＞0.6％　　　　　　B. ＞0.25％　　　　　C. ＞0.4％　　　　　　D. ＜0.25％

38. 金属＿＿＿＿＿的评定主要是通过各种焊接性试验来进行的。

　　A. 导热性　　　　　　B. 使用性　　　　　　C. 焊接性　　　　　　D. 疲劳性

39. 实际工作中奥氏体不锈钢晶间腐蚀试验广泛采用＿＿＿＿＿法。

　　A. 硫酸—硫酸铁腐蚀试验　　　　　　　　B. 硫酸—硫酸铜腐蚀试验

　　C. 65％硝酸腐蚀试验　　　　　　　　　　D. 10％草酸浸蚀试验

40. 晶间腐蚀试验结果评定方法：焊接接头沿熔合线进行弯曲，试样弯曲角度为＿＿＿＿＿。弯曲后的试样在 10 倍放大镜下观察弯曲表面，评定有无晶间腐蚀而产生的裂纹。

　　A. 60°　　　　　　　　B. 90°　　　　　　　　C. 120°　　　　　　　D. 180°

三、多项选择题（下列每题中的多个选项中，至少有 2 个是正确的，请将正确答案的代号填在横线空白处）

1. 手工钨极氩弧焊的优点包括＿＿＿＿＿等。

　　A. 焊接电弧稳定　　　　　B. 适于薄板焊接　　　　　C. 生产效率高

　　D. 焊接质量好　　　　　　E. 许用电流低　　　　　　F. 工件变形小

2. 钨极直径的应根据＿＿＿＿＿等因素来选择。

　　A. 工件厚度　　　　　　　B. 母材材质　　　　　　　C. 焊接位置

　　D. 电源极性　　　　　　　E. 焊接质量　　　　　　　F. 焊件结构类型

3. 影响氩弧焊保护效果的因素有＿＿＿＿＿等。

　　A. 氩气纯度与流量　　　　B. 母材材质　　　　　　　C. 喷嘴至工件距离

　　D. 电源极性　　　　　　　E. 工件厚度　　　　　　　F. 喷嘴直径

4. 预热的目的和作用是＿＿＿＿＿等。

　　A. 防止冷裂纹　　　　　　B. 降低冷却速度　　　　　C. 减小焊接应力

　　D. 改善接头的组织与性能　E. 减小焊接变形　　　　　F. 促进氢扩散逸出

5. 焊接性既与材料本身的性质有关，又与＿＿＿＿＿等因素有关。

　　A. 结构形式　　　　　　　B. 焊接方法　　　　　　　C. 工艺措施

　　D. 工件使用条件　　　　　E. 焊工劳动保护　　　　　F. 焊工技术水平

6. 焊接接头的力学性能试验包括＿＿＿＿＿等。

　　A. 拉伸试验　　　　　　　B. 弯曲试验　　　　　　　C. 冲击试验

　　D. 气密性试验　　　　　　E. 无损检测　　　　　　　F. 化学成分分析

7. 碳当量法估算钢的焊接性没有考虑的因素有_____等。

    A. 残余应力   B. 扩散氢含量   C. 焊接方法

    D. 使用条件   E. 焊接接头的刚度   F. 化学成分

8. 等离子弧与自由电弧相比具有下列特点_____。

    A. 温度高   B. 电弧挺度好   C. 机械冲刷力很强

    D. 能量密度大   E. 扩散角大   F. 气体高度电离

9. 手工等离子弧焊机是由_____等部分组成。

    A. 工作气体   B. 焊枪   C. 气路系统

    D. 冷却水路系统   E. 控制系统   F. 焊接电源

10. 不锈钢薄板等离子弧焊时容易出现咬边的原因可能是_____等。

    A. 离子气流量过大   B. 焊接速度过快   C. 焊接电流太大

    D. 电极与喷嘴不同轴   E. 电弧偏吹   F. 装配质量差

11. 手工钨极氩弧焊的缺点是_____等。

    A. 抗风能力差   B. 对工件清理要求较高   C. 生产率低

    D. 保护效果差   E. 不能焊接有色金属

12. 等离子弧焊的焊接参数主要包括_____等。

    A. 材料厚度   B. 焊接电流   C. 焊接速度

    D. 等离子气流量   E. 喷嘴离工件的距离 F. 保护气流量

13. 预防不锈钢薄板波浪变形的措施有_____等。

    A. 采用较小的焊接电流 B. 较快的焊接速度   C. 短弧焊接

    D. 采取强迫冷却措施   E. 较慢的焊接速度   F. 焊枪横向摆动

14. 焊接接头的力学性能试验包括_____等。

    A. 拉伸试验   B. 弯曲试验   C. 冲击试验

    D. 疲劳试验   E. 蠕变试验

15. 焊接接头晶间腐蚀试验的目的有_____等。

    A. 测定不锈钢的强度 B. 测量金属的抗腐蚀能力 C. 估计使用寿命

    D. 分析腐蚀原因   E. 找出防止腐蚀或延缓腐蚀的方法

参考答案及说明

一、判断题

1. √

2. ×。手工钨极氩弧焊抗风能力弱，对工件清理要求高，否则易产生气孔。

3. √

4. ×。氩气气体流量越大，保护层抵抗流动空气影响的能力越强，但气流紊乱，其保护效果并不好。

5. √ 6. √ 7. √ 8. √ 9. √

10. ×。珠光体耐热钢焊接材料的选择原则，应保证焊缝金属化学成分和力学性能均与母材相当。

11. √

12. ×。焊接性是指金属材料的一种工艺性能，它与材料本身的性质有很大的关系，对焊接性影响很大。

13. √ 14. √ 15. √ 16. √

17. ×。利用等离子弧焊焊接铝合金、镁合金时，一律应采用直流反接，利用"阴极破碎作用"。

18. √ 19. √ 20. √ 21. √

22. ×。钨极氩弧焊在使用直流正接时，钨极端部呈锥形或钝头锥形，易于高频引弧，且起弧后电弧稳定。

23. √

24. ×。后热是焊后为消氢处理，加热温度较焊后热处理低，与焊后热处理要求和目的均不同。

25. √

26. ×。珠光体耐热钢是低合金钢的一类。

27. √ 28. √ 29. √ 30. √

二、单项选择题

1. B。手工钨极氩弧焊采用直流正接小电流时，钨极尖部的形状应为尖锥形。

2. A。手工钨极氩弧焊焊接不锈钢时焊缝颜色为金黄色保护效果最好。

3. D。手工钨极氩弧焊时，喷嘴至工件距离一般推荐为 10 mm 左右。

4. D。钨极氩弧焊采用高频振荡器引弧时，钨极不必与工件接触，只要在钨极与工件间相距 4～5 mm 处启动，即可引燃电弧。

5. B。母材强度级别较高的钢比强度级别较低的钢焊接后更易产生冷裂纹。

6. D。低合金结构钢的焊接热影响区的过热组织是魏氏体组织或淬硬组织。

7. A。对于强度级别较高的低合金结构钢和大厚度的焊接结构，后热主要作用是消氢。

8. B。后热温度一般在 200～300℃范围内，保温时间与焊接厚度有关，一般为 2～6 h。

9.A。珠光体耐热钢是低合金耐热钢，以铬、钼、钒为主要合金元素的低合金钢。

10.C。金属在高温时，单位面积上长期受一定的力便会断裂，此应力即为该金属的持久强度。

11.B。在焊接珠光体耐热钢时，如果冷却速度较大，极易在热影响区产生脆而硬的马氏体组织引起冷裂纹。

12.A。珠光体耐热钢焊接材料的选择原则，应保证焊缝金属化学成分与力学性能与母材相当。

13.A。国际焊接学会推荐的碳当量计算公式：
$$C_E = C + Mn/6 + (Ni + Cu)/15 + (Cr + Mo + V)/5$$

14.D。钢的碳当量 $C_E < 0.4\%$ 时，其焊接性能优良。

15.C。通过焊接接头拉伸试验，可以测定焊缝金属及焊接接头的抗拉强度、屈服点、延伸率和断面收缩率。

16.A。测定焊接接头塑性大小的试验主要是弯曲试验。

17.C。弯曲试验的目的是用来测定焊缝金属或焊接接头的塑性。

18.B。硬度试验的目的是测量焊缝和热影响区金属材料的硬度，并可间接判断材料的焊接性能。

19.C。等离子弧由于电离程度高，放电过程稳定，在"压缩效应"作用下，等离子弧的扩散角仅为5℃。

20.D。小孔型等离子弧焊在表面张力的作用下，熔化的金属不会从小孔中滴落下去，产生小孔效应。随着焊枪的前移，小孔在电弧后锁闭，形成完全熔透的焊缝。

21.A。熔透型等离子弧焊，主要用于薄板的单面焊双面成形及厚板的多层焊。

22.D。采用30 A以下的焊接电流进行熔透型的焊接称为微束等离子弧焊。

23.C。等离子弧焊的特点之一是焊接速度明显提高，可达到手工钨极氩弧焊焊接速度的4～5倍。

24.D。在等离子弧焊的焊接回路中加入了高频振荡器引燃装置，便于可靠引弧。

25.B。常用的LH－30型小电流等离子焊机，焊接电源的空载电压为135 V、额定焊接电流为30 A、维弧电流为2 A，可焊接焊件厚度为0.1～1 mm。

26.D。钨极内缩长度由钨极的安装位置确定，对等离子弧的压缩和稳定性有很大的影响，增大内缩长度电弧压缩程度会大大提高。

27.A。等离子弧焊焊接不锈钢、合金钢、钛合金、镍合金等时采用直流正接。

28.B。奥氏体不锈钢焊接时比较容易产生热裂纹，特别是含镍量较高的奥氏体不锈钢更容易产生热裂纹现象。

29.C。奥氏体不锈钢的线膨胀系数大，焊接时会产生较大的焊接内应力。

30.B。焊接奥氏体不锈钢时，使焊缝形成奥氏体和铁素体双相组织可以防止热裂纹产生。

31.B。珠光体耐热钢焊后应进行焊后热处理，热处理方式应为高温回火。

32.C。小径管道垂直固定打底焊，熔池的热量要集中在坡口下部、以防止上部坡口过热，母材熔化过多，产生咬边或焊缝背面下坠。

33.D。钨极氩弧焊焊接时，当电流超过允许值时，钨极会强烈发热熔化和挥发，使电弧不稳定并会产生焊缝夹钨等缺陷。

34.C。钼元素的熔点很高，能显著提高钢的高温强度。

35.A。低合金结构钢的焊接中，一般来说热裂纹的产生倾向比冷裂纹倾向小。

36.B。一般说来，理化性能、晶体结构接近的金属材料比较容易实现焊接。

37.A。当 C_{eq} > 0.6% 时，淬硬倾向明显，属于较难焊接的材料，必须采取较高的预热温度和严格的工艺措施。

38.C。金属焊接性的评定主要是通过各种焊接性试验来进行的。

39.B。实际工作中奥氏体不锈钢晶间腐蚀试验广泛采用硫酸—硫酸铜腐蚀试验法。

40.D。晶间腐蚀试验结果评定方法：焊接接头沿熔合线进行弯曲，试样弯曲角度为 180°。

三、多项选择题

1.ABDF。手工钨极氩弧焊的优点包括焊接电弧稳定；焊接质量好；许用电流低，生产效率较低；工件变形小，特别适合薄板焊接。

2.ABCD。钨极直径主要根据材质、厚度、坡口形式、焊接位置、焊接电流、电源极性进行选择。

3.ABCF。影响氩弧焊保护效果的因素有：氩气纯度与流量、喷嘴至工件距离、喷嘴直径、焊接速度与外界气流、焊接接头形式、被焊金属材料等。

4.ABCDF。预热的目的和作用是降低冷却速度、减小焊接应力、促进氢扩散逸出、防止冷裂纹、改善接头的组织与性能等。

5.ABCD。焊接性除与材料本身的性质有关外，还与结构形式、焊接方法、工艺措施、使用条件等有关。

6.ABC。拉伸试验、弯曲试验、冲击试验属于力学性能试验，其他三项都不是。

7.ABCDEF。碳当量法估算钢的焊接性只考虑了化学成分因素，没考虑其他因素。

8.ABCDF。等离子弧与自由电弧相比具有下列特点：气体高度电离、温度高、电弧挺度好、机械冲刷力很强等。

9. BCDEF。手工等离子弧焊机是由焊接电源、焊枪、气路和水路系统、控制系统等部分组成。

10. BCDEF。不锈钢薄板等离子弧焊时容易出现咬边的原因包括：焊接速度过快、焊接电流太大、电极与喷嘴不同轴、电弧偏吹、装配质量差等。

11. ABC。手工钨极氩弧焊的缺点：对工件清理要求较高、抗风能力差、生产率低等。

12. BCDEF。等离子弧焊的焊接参数主要包括焊接电流、焊接速度、等离子气流量、喷嘴离工件的距离、保护气流量等。

13. ABCD。预防不锈钢薄板波浪变形的措施有：采用较小的焊接电流、较快的焊接速度、短弧焊接、采取强迫冷却措施等。

14. ABCDE。焊接接头的力学性能试验包括：拉伸试验、弯曲试验、冲击试验、疲劳试验、蠕变试验等。

15. BCDE。焊接接头晶间腐蚀试验的目的包括：给定的条件下（介质、浓度、温度、腐蚀方法及应力状态等），测量金属的抗腐蚀能力、估计使用寿命、分析腐蚀原因、找出防止腐蚀或延缓腐蚀的方法。

第4章 气 焊

考 核 要 点

理论知识考核范围	考核要点	重要程度
铸铁气焊	1. 铸铁基本知识	★
	2. 铸铁气焊的特点	★★
	3. 铸铁气焊材料的选择	★★★
	4. 铸铁的气焊工艺及应用范围	★★★
	5. 常见铸铁焊接缺陷	★★
管径 $\phi \leqslant 60\ \text{mm}$ 低合金钢管对接 45°固定气焊	1. 低合金管焊接的工艺措施	★★★
	2. 低合金管焊接操作要点	★★★
	3. 低合金管焊接操作方法	★★★
	4. 低合金管焊接操作注意事项	★★★
	5. 常见低合金管焊接焊缝外观缺陷及检验	★

注："重要程度"中，"★"为级别最低，"★★★"为级别最高。

重点复习提示

一、铸铁基本知识

1. 铸铁定义

铸铁是 $\omega(\text{C}) > 2.11\%$ 的铁碳合金。工业用铸铁实际上是以铁、碳、硅为主的多元合金。

工业中应用最早的铸铁是碳以片状石墨存在金属基体中的灰铸铁。由于其成本低廉，并具有铸造性、切削加工性、耐磨性及减震性均优良的特点，迄今仍是工业中应用最广泛的一种铸铁。

2. 工业常用铸铁中石墨的存在形式

常用铸铁中的碳是以片状石墨形式存在。

3. 铸铁的性能

铸造性、切削加工性、耐磨性及减振性均优良。

4. 焊接铸铁的用途

（1）铸造缺陷的焊接修复。我国各种铸铁的年产量现约为 3 000 万吨，有各种铸造缺陷的铸件约占铸铁年产量的 10％～15％，由于焊修成本低，采用焊接方法修复这些有缺陷的铸铁件，不仅可获得巨大的经济效益，而且有利于工厂及时完成生产任务。

（2）已损坏的铸铁成品件的焊接修复。铸铁成品件在使用过程中会受到损坏，出现裂纹等缺陷，使其报废。若要更换新的，价格往往较贵且需要很长时间，因此工厂要长时间处于停产状态，损失巨大，若能用焊接方法及时修复出现的裂纹，其经济效益是很明显的。

二、铸铁气焊的特点

铸铁气焊设备简单，操作方便，火焰温度低（氧—乙炔火焰温度 3 100～3 400℃），焊缝的冷却速度缓慢，有利于石墨化过程的进行，焊缝易得到灰铸铁组织，且焊接热影响区也不易产生白口及淬硬组织，适于薄壁铸件的焊补。

由于铸铁加热速度缓慢且加热时间长，同时也使焊接应力增大，故用气焊焊接刚性较大的铸铁件时，接头产生裂纹的倾向增大，一般只用于刚性较小的薄壁铸件的焊补，焊接时可以不予热。当焊接接头刚性较大的铸件时，宜采用整体或局部预热的热焊法，也可采用"加热减应区"法，效果较好。铸铁气焊主要应用于小型铸铁件的焊补。

三、铸铁气焊的焊接材料

1. 灰铸铁焊接材料的选择

（1）焊丝应依据被焊铸件的牌号、成分进行选择，常用焊丝包括 RZC－1、RZC－2、RZCH 等型号，适用于焊接不同的铸铁，其中 RZCH 型号焊丝中含有少量 Ni、Mo（见表 4—1），适用于高强灰铸铁及合金铸铁气焊。

（2）气焊熔剂型号采用 CJ201，其性能特点为：熔点为 650℃，呈碱性，能有效地去除铸铁在气焊时所产生的硅酸盐和氧化物，有加速金属熔化的功能。为防止气焊熔剂的潮解失效，应注意保持干燥，一般需密封保存。

2. 球墨铸铁焊接材料的选择

（1）气焊球墨铸铁一般要使用球铁焊丝，这种焊丝有很强的球化和石墨化能力，以保证焊缝获得球铁组织。钇基重稀土焊丝焊缝的球化能力比稀土镁球铁焊丝强。

（2）气焊熔剂可采用 CJ201 型，也可根据气焊剂的配方自行配制。

四、铸铁的气焊工艺及应用范围

1. 气焊工艺参数的选择

焊接工艺参数是指焊接时为保证焊接质量而选定的各项参数的总称，包括焊丝的牌号和直径、气焊熔剂、火焰性质和能率、焊嘴倾角、焊接方向和焊接速度等。

正确选择焊接工艺参数应做到：（1）选择合适的火焰类型；（2）选择合适的火焰能率；（3）选择合适的预热温度。

2. 灰铸铁的气焊工艺

（1）预热焊

预热焊的主要目的是减小应力，防止裂纹，避免白口。预热焊的特点如下。

1）焊前需预热达 600～700℃，生产率较低。

2）焊接时，熔化的金属量多，冷却时速度又慢，常预先在焊接处制备模子，防止熔化金属溢流，故只适用于平焊位置焊接。

3）对于大焊件，预热困难，甚至不能采用热焊。

4）白口化不严重，焊后便于机械加工。

5）焊缝的强度与基本金属相一致。

预热焊注意事项：在操作过程中根据铸件的复杂程度和缺陷所在的位置，可选用局部或整体预热的方法。预热温度一般为 600～700℃，焊接过程要迅速，当工件温度低于 400℃时，应停止焊接，重新加热后再焊，焊后应缓冷。避免在有穿堂风的地方进行焊接。

（2）不预热焊

当缺陷位置在铸件的边角处，焊接时该处可以自由地膨胀或收缩，可采用不预热的冷焊工艺。该法只适用于中、小型，且壁厚较均匀，结构应力较小的铸件，如铸件的边、角处缺陷、砂眼及不穿透气孔等的焊补。不预热焊要掌握好焊接方向和焊接速度，焊接方向应由缺陷自由端向固定端进行。不预热焊的特点如下。

1）工艺简单，劳动条件好。

2）焊前不预热，可降低生产成本。

3）焊件在冷状态下焊接，受热小、熔池小，所以焊接不受焊缝空间位置的限制。

4）接头的组织不均匀，白口较难避免，故机械加工困难。

（3）加热减应区法

加热减应区法是指通过焊前或焊后把被焊铸件的某一部位（即减应区），加热到一定的温度，从而达到减少或释放焊接区应力，以减少和防止焊接裂纹。加热减应区法的特点如下。

1）该法的适用场合及其部位的选择与工件形状特征有关，一般框架结构、带孔洞的箱体结构可以采用。

2）该法应用于减小焊接区横向应力，因此适用于短焊缝。对于长焊缝，须将裂缝附近局部加热。

3）加热位置一般在裂纹的两端而不在两侧，顺裂纹方向或平行于裂纹方向，而不是垂直于裂纹方向。

加热减应区法焊接操作步骤如图4—1所示。

1）选择火焰类别和火焰能率。火焰一般应选用中性焰或弱碳化焰，焊炬宜选用能率较大的H01—20射吸式焊炬。其火焰能率按铸件厚度确定，应保证加热速度快，并使接头缓冷，同时有利于消除焊缝中的气孔和夹杂，有利于消除白口组织。

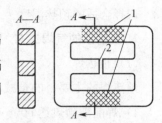

图4—1 加热减应法示意图
1—加热处 2—焊补处

2）预热。首先选图中的阴影区作为加热减应区，先将减应区及焊口加热到650℃左右，接着对断裂处进行焊补，焊接时要保持预热温度400℃以上。焊接过程力求迅速，最好两个焊工同时连续施焊，一次不中断焊完。为清除气孔和夹渣，当发现熔池中有气孔和白点夹渣时，可往熔池中加入少量气焊溶剂。

3）焊接。在焊接操作过程中，焰心端部距熔池表面8～10 mm，火焰始终盖住熔池，以加强保护；焊接速度在保证焊透和排除熔渣、气孔的情况下，越快越好；焊炬和焊丝应均匀而又互相协调地运动。

焊炬的移动有三种基本手法：焊炬向前移动、沿焊缝作横向摆动和打圆圈摆动。三种手法依具体情况可交替使用。

焊丝除向前移动和横向摆动外，主要是上下跳动。当发现熔池中有白亮的夹杂物时，应将焊丝端头粘上少量熔剂，搅动熔池使渣浮起，并用焊丝随时拨出。

4）焊后处理。焊后整形应在焊补终止时立即进行，可用圆头手锤锤击焊补表面，然后保温缓冷，以消除焊接应力，防止产生裂纹。必要时再进行600～800℃去应力退火。

3. 球墨铸铁的气焊工艺及应用范围

（1）气焊工艺。在焊接过程中，采用钇基重稀土球铁焊丝，连续施焊的时间不宜过长，一般不应超过15～20 min。当采用稀土镁球铁焊丝时，因镁更容易烧损，故连续施焊时间应更短一些。

采用钇基重稀土焊丝焊接后，铸件焊后可加工，其焊态接头相当于QT600—3珠光体球墨铸铁的性能。焊后经退火处理，其接头的性能与QT450—10相接近，并且焊缝颜色与母材一致。球铁焊丝还可自制。

（2）球墨铸铁气焊的应用。球墨铸铁的气焊一般用于壁厚不大铸件的焊接。在生产中，常用于壁厚小于 50 mm 或缺陷不大且接头质量要求较高的中小铸件的焊补。

五、常见铸铁焊接缺陷

1. 缺陷种类

焊接变形、焊缝成形差、外形尺寸不符合要求、气孔、裂纹、未熔合、未焊透、咬边。

2. 焊接缺陷产生原因、防治措施

（1）焊接变形

产生原因：气焊时加热速度缓慢，火焰能率过大；焊接顺序不合理；装配质量差等。

防止措施：调整火焰能率；选择合理的焊接顺序；保证铸件定位牢固、准确。

（2）焊缝成形差、外形尺寸不符合要求

产生原因：焊炬移动速度不均匀，横向摆动不合理；焊丝填充时送丝不均匀；火焰能率过大或过小；焊丝和焊嘴的倾角配合不当等。

防止措施：提高操作水平，焊炬移动、横向摆动、焊丝填充速度要协调配合；焊丝和焊嘴配合适当；火焰能率调整好。

（3）气孔

产生原因：铸铁中碳、硫、磷等元素含量高；预热温度低；焊件表面油污、水等杂质清理不干净；焊接时保护不好，焊缝没有及时保温缓冷等。

防止措施：严格清理焊件表面杂质；提高预热温度；火焰内焰要始终覆盖熔池，对熔池加以良好保护；合理使用气焊溶剂，防止氧化产生大量气体；焊后要及时采取保温缓冷的措施。

（4）裂纹

产生原因：铸铁中碳、硫、磷等元素含量高；预热温度太低；冷却速度快易产生白口组织；铸铁特别是灰铸铁强度低、塑性韧性极差；铸件刚度较大，焊接时产生的应力较大等。

防止措施：选择石墨化程度高的焊丝；严格清理杂质；适当提高预热温度；适当加大火焰能率；焊后及时进行保温缓冷。

（5）未熔合

产生原因：火焰能率过小；焊丝或焊炬火焰偏于坡口一侧，使母材或前一层焊缝金属未充分熔化就被填充金属覆盖；焊丝填充不到位；坡口制备不合理；坡口面及根部清理不干净等。

防止措施：适当加大火焰的能率；火焰在坡口两侧停顿时间要均匀适当；焊丝填充与火焰加热要配合好；坡口避免尖顶 V 形；坡口两侧及根部要认真清理。

（6）未焊透

产生原因：火焰能率过小，焊接速度过快，熔深浅，坡口根部为充分熔化；坡口钝边过大，角度太小，装配间隙太小；焊丝和火焰偏于坡口一侧；坡口两侧及根部未进行认真清理。

防止措施：适当加大火焰能率，焊接速度不要过快，要使坡口根部充分熔化；坡口钝边、角度、装配间隙适当加大；焊丝和火焰不能偏于坡口一侧；坡口两侧及根部要认真清理。

（7）咬边

产生原因：火焰能率过大；焊丝和焊炬角度不正确；焊丝填充不及时；操作不熟练等。

防止措施：调整火焰能率；调整焊丝和焊炬角度；焊丝填充应与火焰加热配合好；提高操作水平等。

六、管径 $\phi \leqslant 60$ mm 低合金钢管对接 45°固定气焊焊接工艺措施

1. 低合金钢管气焊的工艺措施

包括预热、保温、焊后热处理；限制乙炔气中的硫化氢、磷化氢的含量；焊接熔池保护等。

2. 各种工艺措施的目的

（1）预热、保温

焊前应适当预热。焊接过程要一次完成，并在焊后进行适当保温，避免焊后有强烈的穿堂风，防止产生较大的淬硬倾向。

（2）焊后热处理

气焊时，母材受热面积大，火焰加热时间长，导致热影响区宽，焊缝冷却时间长，焊缝晶粒粗大，导致焊接接头的综合力学性能下降，故一般焊后需进行热处理。

（3）限制乙炔气中的硫化氢、磷化氢的含量

限制硫化氢、磷化氢含量，必要时可采用净化装置以防止热裂纹的产生。

（4）焊接熔池保护

气焊时，钢中的合金元素易因氧化烧损而生成难熔的氧化物，影响焊缝的熔合及产生夹渣。故在气焊时必须对熔池加强保护，并采用中性焰焊接。

七、管径 $\phi \leqslant 60$ mm 低合金钢管对接 45°固定气焊操作要点

1. 焊接操作要点

（1）根据母材的化学成分及工作温度选择焊丝牌号。

（2）根据管壁厚度，选择焊丝直径、焊炬型号和焊嘴号。

（3）为防止合金元素烧损，应采用中性焰施焊。

（4）焊前预热 250～300℃。

（5）尽量采用右向焊法施焊。

2. 操作过程

（1）为减少金属的过热和铬、钼元素的烧损，熔池金属应控制在较稠的状态，使其在液态时间尽可能短，焊接火焰要始终覆盖熔池。焊炬平稳前移，不可一闪一动的跳动，添加焊丝要均匀。焊丝末端不要脱离熔池或火焰笼罩区，每层焊缝应一次完成，尽量减少接头数目。如必须停顿时，火焰应缓慢撤离熔池火口并填满熔池，避免产生裂纹或气孔。恢复焊接时，焊接接头温度不应低于预热温度。

（2）焊接完毕后，为消除焊接应力和改善接头组织和性能，应将接头及时进行焊后热处理。若不能及时进行热处理，应采用保温措施（如用石棉绳困扎）使接头缓冷，而后再进行热处理。

八、常用气焊操作方法

常用气焊操作方法有左焊法和右焊法两种。

1. 左焊法

左焊法是焊丝和焊炬都是从焊缝的右端向左端移动，焊丝在焊炬的前方，火焰指向焊件金属的待焊部分。

左焊法的特点是火焰指向未焊部分，起到预热的作用。左焊法操作简单方便，易于掌握，左焊法是应用最普遍的气焊方法。

2. 右焊法

右焊法是焊丝与焊炬从焊缝的左端向右端移动，火焰指向已焊好的焊缝，焊炬在焊丝前面。

右焊法的特点是：在焊接过程中火焰始终笼罩着已焊的焊缝金属，使熔池冷却缓慢，有助于改善焊缝的金属组织，减少气孔夹渣的产生。另外，这种焊法还有热量集中、熔透深度大等优点，所以适合于焊接厚度较大、熔点较高的工件。

九、管径 $\phi \leqslant 60$ mm 低合金钢管对接 45°固定气焊操作注意事项

1. 当焊至管件上半部时若发现飞溅过大，则说明温度过高，造成合金元素烧损，力学性能下降，此时必须提高焊接速度。

2. 打底焊时，火焰必须深入根部，保证根部成形和对背部熔池形成保护。

3. 尽量采用快速连续焊。

4. 必须保持焊炬与工件的角度随焊接位置变化而变化。

十、低合金钢管气焊常见焊缝外观缺陷

1. 常见缺陷类型

焊缝成形不良和焊缝尺寸不符合要求，表面气孔、咬边、未焊透、烧穿、焊瘤等。

2. 各种缺陷产生的原因

（1）焊缝成形不良和焊缝尺寸不符合要求

焊缝成形不良和焊缝尺寸不符合要求产生的原因主要有：接头边缘加工不整齐、坡口角度或装配间隙不均匀，焊接参数不正确，如火焰能率过大或过小、焊丝和焊嘴的倾角配合不当、焊接速度不均匀等，操作技术不当。

（2）表面气孔

气孔产生的原因：熔池周围的空气、火焰分解及燃烧的气体产物、焊件上的杂质产生的气体受热的分解后产生的气体通过溶解和化学反应进入熔池，在熔池结晶时，这些气体以气泡的形式向外逸出，在熔池凝固前来不及逸出，就会在焊缝中形成气孔。

（3）咬边

产生咬边的原因是：火焰能率过大、焊嘴倾角不正确，焊嘴与焊丝摆动不当等。在焊接过程中都要使焊丝带住铁水，而不使其下流，保证火焰对准焊缝中心，保持熔池不过大而且使焊丝的运动范围达到熔池的边缘，就可以有效地防止咬边。

（4）未焊透

产生未焊透的主要原因：焊件接头部位清理不干净，如油污、氧化物等；坡口角度过小、接头间隙太小或钝边过大；焊嘴号码过小，火焰能率太小或焊接速度过快焊件的散热速度过快，使得熔池的存在时间短，导致填充金属与根部母材之间不能充分熔合。

（5）烧穿

产生烧穿的主要原因是：间隙过大或钝边太薄，火焰能率太大，焊接速度太慢，熔池的温度过高；焊接时应选择合理的坡口角度，间隙大小要适宜，火焰能率和焊接速度要掌握合适。

（6）焊瘤

产生焊瘤的原因：火焰能率太大，焊接速度太慢，焊件装配间隙过大，焊丝和焊嘴角度掌握不正确，打底焊时熔滴送进熔池时过渡过多。焊接操作一定要掌握好方法和要领，防止焊瘤的产生。

（7）冷、热裂纹

1) 珠光体耐热钢均含有不同量的铬、钼、钨、钒和铌等合金元素，焊接时，如果冷却速度较快，火焰能率过小，在焊缝和热影响区极易产生淬火组织，使焊接接头的脆性增加。在较大的焊接残余应力的作用下，就会产生冷裂纹。

2) 气焊时，由于火焰作用时间较长，焊炬加热面积大，焊缝冷却速度慢，极易导致焊缝和热影响区晶粒粗大，甚至出现网状组织，使接头的力学性能差。当焊缝中存在较大的焊接残余应力时，容易产生冷裂纹。

3) 焊前未将焊丝、焊缝附近的油污、铁锈和水分等清除干净，容易导致焊缝中氢的含量增高从而产生冷裂纹。

4) 施焊时未采取合理的焊接顺序或焊后未进行热处理，焊接应力较大时也会产生冷裂纹。

5) 所使用的乙炔气中 H_3P、H_2S 含量较大时，就会因焊缝中 P、S 含量的增高而产生热裂纹。

辅导练习题

一、判断题（下列判断正确的请在括号中打"√"，错误的请在括号内打"×"）

1. 因为灰铸铁可采用气焊，所以其焊接性能优良。　　　　　　　　　　　　（　　）

2. 铸铁气焊适于薄壁铸件的焊补。　　　　　　　　　　　　　　　　　　（　　）

3. 焊补灰铸铁缺陷前应准确确定缺陷的位置、形状。　　　　　　　　　　（　　）

4. 使用气焊焊接灰铸铁，因加热速度慢，故不会产生白口组织的。　　　　（　　）

5. 铸铁气焊时可以不加气焊熔剂。　　　　　　　　　　　　　　　　　　（　　）

6. 焊接工艺参数是指焊接时为保证焊接质量而选定的各项参数的总称。　　（　　）

7. 气焊时根据铸铁的材质选择火焰类别一般使用氧化焰。　　　　　　　　（　　）

8. 气焊时应根据铸件厚度选择火焰能率。　　　　　　　　　　　　　　　（　　）

9. 选择预热焊、不预热焊还是加热减应区法应根据铸件的大小、复杂程度选择。（　　）

10. 气焊采用预热的目的主要是为了减小应力、防止裂纹、避免白口。　　　（　　）

11. 对于整体性较强，无孔洞的铸件不宜采用的工艺方法是加热减应区法。　（　　）

12. 气焊后锤击的目的是为使铸件消除变形。　　　　　　　　　　　　　　（　　）

13. 采用预热焊比不预热焊焊后白口倾向大。　　　　　　　　　　　　　　（　　）

14. 焊补裂纹时适合的坡口形式是 V 形。　　　　　　　　　　　　　　　（　　）

15. 预热焊常用于结构比较复杂，使用性能较高的一些重要薄壁铸件的焊补。（　　）

16. 铸铁焊补时不会产生气孔及咬边缺陷。　　　　　　　　　　　　　　　（　　）

17. 当气焊火焰能率过大，焊丝和焊炬角度不正确，焊丝填充不及时易造成咬边。（　　）

18. 焊接时火焰没有全部覆盖熔池，气焊溶剂使用不当，焊缝没有及时保温缓冷时易产生气孔。（　　）

19. 珠光体耐热钢为避免产生冷裂纹应采取预热、缓冷的工艺措施。（　　）

20. 珠光体耐热钢管焊接时应避免穿堂风。（　　）

21. 珠光体耐热钢焊接性较好。（　　）

22. 珠光体耐热钢焊接时应依据焊丝力学性能选择焊丝。（　　）

23. 珠光体耐热钢焊接时为熔池金属应控制在较稠的状态，使其在液态时间尽可能长。（　　）

24. 珠光体耐热钢焊后为得到细晶粒的组织常采用快速冷却的方式。（　　）

25. 右焊法是指焊丝与焊炬从焊缝的左端向右端移动，火焰指向已焊好的焊缝，焊炬在焊丝前面。（　　）

26. 右焊法是指焊丝和焊炬都是从焊缝的右端向左端移动，焊丝在焊炬的前方，火焰指向焊件金属的待焊部分。（　　）

27. 左焊法较右焊法熔池保护效果好、焊接效率高。（　　）

28. 管子焊接时的起焊点应在两个定位焊缝的中间。（　　）

29. 管子打底焊时焊缝的终端应与始端应重叠 10 mm 左右。（　　）

30. 打底焊时应尽量采用快速连续焊。（　　）

31. 气焊中当焊至管件上半部时若发现飞溅过大，则说明温度过高。（　　）

32. 焊接过程中焊炬与工件的角度随焊接位置变化而不变。（　　）

33. 断口检验和弯曲检验不合格是气焊低合金钢管接头力学性能试验的主要问题。（　　）

二、单项选择题（下列每题有 4 个选项，其中只有 1 个是正确的，请将其代号填写在横线空白处）

1. 铸铁中的含碳量应_____。

A. 小于 2.11%　　　B. 等于 2.11%　　　C. 大于 2.11%　　　D. 与含碳量无关

2. 灰铸铁中的碳主要以_____形态存在。

A. 渗碳体　　　　　B. 石墨　　　　　　C. 渗碳体和石墨　　D. 珠光体

3. 采用气焊焊接刚性较小的薄壁铸件，焊接时_____。

A. 必须预热　　　　B. 可以不预热　　　C. 不能预热　　　　D. 应刚性固定

4. 下面是铸铁焊丝型号的_____。

A. H08　　　　　　B. H10MnSi　　　　C. RZC−1　　　　　D. H0Cr19Ni9

5. 焊补铸铁的预热温度是_____℃。

A. 100～150　　　　B. 300～400　　　　C. 400～700　　　　D. 700～800

6. 铸铁气焊使用气焊熔剂主要是为了_____。

　　A. 加速金属熔化　　B. 防止产生气孔　　C. 减小裂纹倾向　　D. 避免产生白口组织

7. 气焊时根据铸铁的材质选择火焰类别，一般选用_____。

　　A. 中性焰或弱碳化焰　　　　　　　　B. 碳化焰

　　C. 氧化焰　　　　　　　　　　　　　D. 弱氧化焰

8. 气焊火焰能率主要依据_____确定，应使加热速度快，接头冷却速度慢，同时有利于消除焊缝中的气孔和夹杂，有利于消除白口组织。

　　A. 焊接位置　　　　B. 铸件厚度　　　　C. 焊丝直径　　　　D. 坡口形式

9. 修补铸件采用预热焊的目的主要是为了_____。

　　A. 防止变形　　　　　　　　　　　　B. 避免未熔合

　　C. 减少气孔倾向　　　　　　　　　　D. 减小应力，防止裂纹，避免白口

10. 当焊补中、小型且壁厚较均匀，结构应力较小的铸件，如铸件的边、角处缺陷、砂眼及不穿透气孔等缺陷时宜采用_____。

　　A. 预热焊　　　　　B. 不预热焊　　　　C. 加热减应区法　　D. 只能报废

11. 一般焊补时可以采用，而整体性较强，无孔洞的铸件不宜采用的工艺方法是_____。

　　A. 预热焊　　　　　B. 不预热焊　　　　C. 加热减应区法　　D. 只能报废

12. 焊补后锤击焊缝适合用_____。

　　A. 尖头手锤　　　　B. 平头手锤　　　　C. 方头手锤　　　　D. 圆头手锤

13. 以下描述符合加热减应区法应用的特点是_____。

　　A. 适合长焊缝的焊补　　　　　　　　B. 加热区一般在裂纹的两侧

　　C. 顺裂纹方　　　　　　　　　　　　D. 垂直于裂纹方向

14. 焊补时一般将裂纹处修磨成_____。

　　A. I 形坡口　　　　B. V 形坡口　　　　C. U 形坡口　　　　D. X 形坡口

15. 当火焰能率过大，焊丝和焊炬角度不正确，焊丝填充不及时时易产生_____缺陷。

　　A. 气孔　　　　　　B. 咬边　　　　　　C. 裂纹　　　　　　D. 白口

16. 珠光体耐热钢焊前预热是为了_____。

　　A. 避免产生冷裂纹　　　　　　　　　B. 防止产生气孔

　　C. 避免产生咬边　　　　　　　　　　D. 减小变形

17. 珠光体耐热钢气焊时宜采用_____焊接。

A. 氧化焰   B. 中性焰

C. 碳化焰   D. 中性焰或轻微碳化焰

18. 焊接 12CrMo 应选用以下何种焊丝_____。

A. H08Cr2MoVNb   B. H08CrMoV

C. H08CrMo   D. 以上均可

19. 珠光体耐热钢管气焊时宜采用_____。

A. 左焊法   B. 右焊法

C. 打底用左焊法、盖面用右焊法   D. 左右焊法均可

20. 右焊法较左焊法的焊接特点是_____。

A. 火焰指向末焊部分   B. 操作简单方便

C. 焊缝易氧化   D. 热量集中、熔透深度大

21. 使用气焊管子打底焊时为保证焊接质量，焊接操作应采用_____。

A. 快速连续焊   B. 慢速连续焊

C. 采用快速断续焊   D. 慢速断续焊

22. 采用气焊管子盖面焊时，焊丝在前行过程中与焊炬是_____。

A. 同步摆动   B. 交叉摆动

C. 前半圈同步，后半圈交叉   D. 无要求

23. 为使表面成形美观，盖面焊时火焰能率应_____。

A. 大些   B. 小些   C. 前半圈大   D. 后半圈小

24. 气焊时，当焊至管件上半部时若发现飞溅过大，则说明_____。

A. 温度过低   B. 清理不干净   C. 火焰呈氧化性   D. 温度过高

25. 气焊过程中焊炬与工件的角度随焊接位置变化而发生_____。

A. 变化   B. 变化   C. 前半圈变   D. 后半圈不变

26. _____是低合金钢气焊接头力学性能试验的主要问题。

A. 接头断口检验 B. 气孔   C. 裂纹   D. 咬边

27. 低合金钢气焊时当未采取合理的焊接顺序或焊后未进行热处理，则_____较大。

A. 焊接应力   B. 咬边   C. 烧穿   D. 未焊透

28. 低合金钢气焊时当使用的乙炔气中 H_3P、H_2S 含量较大时焊缝产生_____倾向较大。

A. 冷裂纹   B. 热裂纹   C. 烧穿   D. 未焊透

29. 气焊右焊法是焊丝与焊炬从焊缝的左端向右端移动，火焰指向已焊好的焊缝其特点是_____。

A. 火焰指向末焊部分　　　　　　　　B. 起到预热的作用

C. 适合焊接厚度较大的工件　　　　　　D. 适合焊接薄板

30. 采用气焊焊接管径 $\phi \leqslant 60$ mm 低合金钢管对接 $45°$ 固定气焊操作注意事项是_____。

A. 焊至管件上半部应减慢焊速

B. 采用快速断续焊

C. 采用快速连续焊

D. 焊炬与工件的角度不随焊接位置变化而变化

三、多项选择题（下列每题中的多个选项中，至少有 2 个是正确的，请将正确答案的代号填在横线空白处）

1. 铸铁具有良好的_____性能。

A. 锻造　　　　　B. 铸造　　　　　C. 耐磨性　　　　　D. 减震性

E. 导电

2. 使用气焊工艺焊补厚大工件为防止裂纹常采用_____。

A. 加热减应区法　　B. 刚性固定法　　C. 预热　　　　　D. 反变形

E. 使用结构钢焊丝

3. 气焊球墨铸铁一般要使用球铁焊丝，是因为球铁焊丝具有_____。

A. 很强的球化能力　　　　　　　　B. 石墨化能力

C. 强度较高　　　　　　　　　　　D. 塑性较好

4. 气焊时根据铸铁的材质选择火焰类别，一般选用_____。

A. 中性焰　　　　B. 氧化焰　　　　C. 碳化焰　　　　D. 弱碳化焰

5. 选择预热焊、不预热焊还是加热减应区法应根据铸件_____进行选择。

A. 选用焊丝成分　　　　　　　　　B. 选用气焊熔剂的成分

C. 的复杂程度　　　　　　　　　　D. 的大小

6. 加热减应区法应用的特点是_____。

A. 加热位置在裂纹两侧　　　　　　B. 适合短焊缝

C. 顺裂纹方向　　　　　　　　　　D. 垂直于裂纹方向

7. 常见铸铁焊接缺陷包括_____。

A. 焊接变形　　　　B. 焊缝成形差　　　C. 外形尺寸不符合要求

D. 气孔　　　　　　E. 裂纹、未熔合、未焊透、咬边

8. 气焊珠光体耐热钢焊接的操作要点包括_____。

A. 据母材的力学性能选焊丝牌号　　B. 焊前预热 $250 \sim 300℃$

C. 尽量采用左向焊法　　　　　　　　　　D. 中性焰焊接

9. 对于珠光体耐热钢气焊操作说法正确的是_____。

A. 熔池金属应控制在较稠的状态　　　　B. 焊炬、焊丝应一闪一动跳动

C. 尽量减少接头数目　　　　　　　　　　D. 焊丝末端不要脱离熔池或火焰笼罩区

10. 右焊法较左焊法的特点是_____。

A. 适合焊接较薄工件　　　　　　　　　　B. 适合焊接较厚工件

C. 焊缝易氧化　　　　　　　　　　　　　　D. 热量集中

11. 气焊管子打底焊时为保证焊接质量，焊接操作应注意_____。

A. 采用快速连续焊

B. 后半圈焊接时应重新加热已焊起始接头使之重新熔化

C. 采用快速断续焊

D. 收尾时火焰应缓慢离开熔池，以免出现气孔等缺陷。

12. 焊接时产生咬边的原因主要是_____。

A. 火焰能率过大　　　　　　　　　　　　B. 焊嘴倾角不正确

C. 焊嘴与焊丝摆动不当等　　　　　　　D. 火焰能率过小

参考答案及说明

一、判断题答案

1. ×。含碳量越低则焊接性好，铸铁含碳量高故焊接性差。

2. √。气焊火焰温度低加热速度慢，只适合薄壁铸件的焊补。

3. √。无论修补任何工件均需首先确定缺陷位置形状。

4. ×。当冷却速度快、工件厚大、焊丝不匹配时会产生白口。

5. ×。铸铁气焊时必须加气焊熔剂。

6. √。焊接工艺参数是指焊接时为保证焊接质量而选定的各项参数的总称。

7. ×。气焊时根据铸铁的材质选择火焰类别一般使用中性焰或弱碳化焰。

8. √。气焊时应根据铸件厚度选择火焰能率，为了加热速度快，接头冷却速度慢，有利于消除焊缝中的气孔和夹杂，有利于消除白口组织。

9. √。工艺参数选择依据是根据铸件的大小、复杂程度等选择预热焊、不预热焊还是加热减应区法。预热焊时一般将工件整体或局部预热 600～700℃。

10. √。预热可减缓冷却速度，主要是为了减小应力，防止裂纹，避免白口。

11. √。因加热减应区法适合焊补框架结构、带孔洞的箱体结构。

12. ×。锤击的目的是使表面延展，减小应力。

13. ×。采用预热焊比不予热焊焊后白口倾向小。

14. ×。适合的坡口形式应是 U 形，因其应力小。

15. √。预热焊的特点。

16. ×。常见缺陷包括气孔及咬边。

17. √。此是产生咬边的因素。

18. √。此是气孔产生的原因。

19. √。因珠光体耐热钢有淬硬倾向，故预热、缓冷可防止冷裂纹。

20. √。此为工艺措施，避免内部缺陷。

21. ×。珠光体耐热钢焊接性较差。

22. ×。应依据成分相同或近似原则。

23. ×。应尽可能短。

24. ×。因有淬硬倾向，为防止产生淬硬组织应缓慢冷却。

25. √。右焊法定义。

26. ×。此为左焊法的定义。

27. ×。应是左焊法较右焊法熔池保护效果差，但焊接效率高。

28. √。此为焊接操作要领。

29. √。此为焊接操作要领，使始焊处重新熔化，以保证接头质量。

30. √。主要是为了焊透并防止过热。

31. √。前部分焊接正常，到上部分飞溅大，是因为温度高。

32. ×。应随位置随时变化。

33. √。因气焊特点造成。

二、单项选择题

1. C。铸铁定义规定含碳量大于 2.11%。

2. B。灰铸铁定义碳以石墨形式存在。

3. B。气焊小薄工件时可以不预热。

4. C。其他三种均不是铸铁焊丝的表示方法。

5. C。通过实验结论在此温度下预热效果好。

6. A。气焊熔剂呈碱性，其作用能有效地去除铸铁在气焊时所产生的硅酸盐和氧化物，有加速金属熔化的功能。

7. A。气焊时根据铸铁的材质选择火焰类别一般使用中性焰或弱碳化焰。

8. B。气焊时应根据铸件厚度选择火焰能率，使加热速度快，接头冷却速度慢，同时有利于消除焊缝中的气孔和夹杂，有利于消除白口组织。

9. D。预热可减缓冷却速度，主要是为了减小应力，防止裂纹，避免白口组织。

10. B。因应力较小，不预热即可。

11. C。加热减应区法工艺特点决定的。

12. D。为使表面延展减小应力，圆头手锤使变形圆滑，应力小。

13. C。加热减应区法应用特点。

14. C。因U形过渡圆滑，应力小。

15. B。此为产生咬边的因素。

16. A。因珠光体耐热钢有淬硬倾向，故预热可防止冷裂纹。

17. B。为避免合金元素烧损及渗碳。

18. C。依据成分相同或近似原则。

19. B。用右焊法保护好。

20. D。其他是左焊法的特点。

21. A。采用快速连续焊以保证焊透，避免气孔防止过热。

22. B。不应同步，应交叉。

23. C

24. D。前部分焊接正常，到上部分飞溅大，是因为温度高。

25. A。应随位置随时变化。

26. A。力学性能只包括该项目。

27. A。其他缺陷不是由该原因引起。

28. B。其他缺陷不是由该原因引起。

29. C。此为右焊法的特点。

30. C

三、多项选择题

1. BCD。铸铁塑性差故锻造性不好，也不是良好的导电材料。

2. AC。刚性固定法和反变形法均为了防止变形，刚性固定法和使用结构钢焊丝会增大裂纹倾向。

3. AB。球铁焊丝具有很强的球化能力和石墨化能力。

4. AD。气焊时根据铸铁的材质选择火焰类别一般使用中性焰或弱碳化焰。

5. CD。工艺参数选择依据是根据铸件的大小、复杂程度等选择预热焊、不预热焊还是加热减应区法，预热焊时一般将工件整体或局部预热 $600 \sim 700℃$。

6. BC。加热减应区法应用特点。

7. ABCDE。此为各种铸铁缺陷。

8. BD。此为珠光体耐热钢焊接要点依据等成分原则，右焊法保护效果好。

9. ACD。此为操作原则，焊炬、焊丝均不要跳动。

10. BD。此为右焊法的特点。

11. ABD。此为操作要领。

12. ABC。火焰能率小是产生未焊透的原因。

第2部分　操作技能鉴定指导

第1章　焊条电弧焊

考　核　要　点

技能操作考核范围	考核要点	重要程度
厚度≥6 mm 低碳钢板或低合金钢板对接仰焊的单面焊双面成型	1. 选择焊接设备、焊接材料	★★
	2. 厚度≥6 mm 钢板对接仰焊坡口制备	★★
	3. 厚度≥6 mm 钢板对接仰焊焊件的清理、组对及定位焊	★★★
	4. 厚度≥6 mm 钢板对接仰焊的运条手法	★★★
	5. 厚度≥6 mm 钢板对接仰焊操作要领	★★★
	6. 厚度≥6 mm 钢板对接仰焊焊接工艺	★★★
	7. 厚度≥6 mm 低碳钢板对接仰焊焊接接头外观质量检查的要求	★
管径≤76 mm 低碳钢管或低合金钢管垂直固定、水平固定或45°固定加排管障碍的单面焊双面成型	1. 选择焊接设备、焊接材料	★★
	2. 管径≤76 mm 低碳钢管或低合金钢管对接加障碍断弧及连弧操作要领	★★★
	3. 管径≤76 mm 低碳钢管或低合金钢管对接加障碍运条手法	★★★
	4. 管径≤76 mm 低碳钢管或低合金钢管对接加障碍收弧操作要领	★★★
	5. 管径≤76 mm 低碳钢管或低合金钢管对接加障碍的焊接工艺要领	★★★
	6. 管径≤76 mm 低碳钢管或低合金钢管对接加障碍焊接接头质量检查的要求	★

续表

技能操作考核范围	考核要点	重要程度
管径≤76 mm 不锈钢管对接水平固定、垂直固定或45°倾斜固定的焊接	1. 选择焊接设备、焊接材料	★★
	2. 管径≤76 mm 不锈钢的焊前清理、组对及定位焊	★★
	3. 管径≤76 mm 不锈钢管对接断弧及连弧操作要领	★★★
	4. 管径≤76 mm 不锈钢管对接的运条手法	★★★
	5. 管径≤76 mm 不锈钢管对接收弧操作要领	★★★
	6. 管径≤76 mm 不锈钢管对接的层间清理	★★★
	7. 管径≤76 mm 不锈钢管对接焊条电弧焊的工艺要领	★★★
	8. 管径≤76 mm 不锈钢管对接焊条电弧焊焊接接头外观质量检查的要求	★
管径≤76 mm 异种钢管对接的水平固定或垂直固定和45°倾斜固定的焊接	1. 选择焊接设备、焊接材料	★★
	2. 管径≤76 mm 异种钢管对接的焊接运条手法	★★★
	3. 管径≤76 mm 异种钢管对接的层间清理	★★★
	4. 管径≤76 mm 异种钢管对接的焊接工艺操作要领	★★★
	5. 管径≤76 mm 异种钢管对接焊条电弧焊接头质量检查的要求	★

注："重要程度"中，"★"为级别最低，"★★★"为级别最高。

辅导练习题

【题目 1—1】 **厚度 $\delta = 12$ mm 的低碳钢板仰焊对接接头焊条电弧焊**

1. 考核要求

(1) 必须穿戴劳动保护用品。

(2) 试件坡口形式：V 形。

(3) 焊前将试件坡口及两侧 20 mm 范围内的铁锈、油污、氧化物等清理干净，使其露出金属光泽。

(4) 间隙自定。

(5) 定位焊在试件背面两端 10 mm 范围内，定位焊时允许采用反变形。

(6) 单面焊双面成形。

(7) 焊接位置为仰焊。

(8) 定位装配后，将装配好的试件固定在操作架上，试件一经施焊不得改变焊接位置。

(9) 焊接完毕后关闭电焊机，将焊缝表面清理干净，并保持焊缝处于原始状态，不允许补焊、返修及修磨。将场地清理干净，工具摆放整齐。

（10）符合安全，文明生产。

2. 准备工作

（1）材料准备

序号	名称	规格	数量	备注
1	Q235	300 mm×150 mm×12 mm	2件/人	坡口面角度32°±2°
2	E4303 焊条	φ3.2 mm、φ4 mm	各10根/人	焊条可在100～150℃范围内烘干，保温1～1.5 h

试件形状及尺寸（见图2—1）。

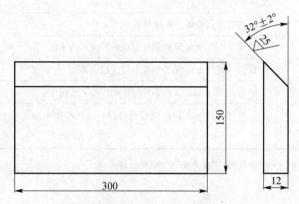

图2—1 题目1—1试件形状及尺寸

（2）设备准备

序号	名称	规格	数量	备注
1	交流或直流焊机	根据实际情况确定	1台/工位	鉴定站准备
2	焊条烘干箱	根据实际情况确定	2台/鉴定站	鉴定站准备
3	焊条保温筒	根据实际情况确定	1个/工位	鉴定站准备

（3）工具、量具准备

序号	名称	规格	数量	备注
1	焊接检验尺	HJC—40	不少于3把	鉴定站准备
2	钢板尺	根据实际情况确定	不少于3把	鉴定站准备
3	放大镜	5倍	不少于3把	鉴定站准备
4	钢印		2套	鉴定站准备
5	电焊面罩	自定	1个	考生准备

续表

序号	名称	规格	数量	备注
6	电焊手套	自定	1 副	考生准备
7	锉刀	自定	1 把	考生准备
8	敲渣锤	自定	1 把	考生准备
9	錾子	自定	1 把	考生准备
10	钢丝刷	自定	1 把	考生准备
11	角向磨光机	自定	1 台	考生准备

3. 考核时限

（1）基本时间

准备时间 25 min，正式操作时间 45 min（不包括组对时间）。

（2）时间允差

操作超过额定时间 5 min（包括 5 min）以内扣总分 3 分，超时 5 min 停止工作。

4. 评分项目及标准

表 2—1   厚度 $\delta＝12$ mm 的低碳钢板仰焊对接接头焊条电弧焊评分

序号	考核内容	测评要点	配分	评分标准	检测结果	扣分	得分
1	焊接准备	劳保着装及工具准备齐全，参数设置、设备调试正确并符合要求	10	劳保着装不符合要求，工具每缺一项或不符标准，各扣 1 分，扣完为止			
2	焊缝外观	焊缝表面不允许有裂纹、未熔合、夹渣、气孔、焊瘤、烧穿等缺陷	5	有任何一项缺陷不得分			
		焊缝咬边深度≤0.5 mm，两侧咬边总长度不超过焊缝有效长度的 10%	5	1. 咬边深度≤0.5 mm （1）长度每 5 mm 扣 1 分 （2）累计长度超过焊缝有效长度的 10% 不得分 2. 咬边深度>0.5 mm 不得分			
		背面凹坑深度≤25% 且 $\delta≤$ 2 mm	5	1. 深度≤20% 且 $\delta≤2$ mm 时，每 10 mm 长度扣 1 分 2. 背面凹坑深度>25% 且 $\delta>$ 2 mm 时不得分			
		焊缝余高 0~3 mm，余高差≤2 mm，焊缝宽度比坡口每侧增宽 0.5~2.5 mm，宽度差<3 mm	5	每种尺寸超标一处扣 1 分，扣完为止			
		背面焊缝余高≤3 mm	5	超标不得分			

续表

序号	考核内容	测评要点	配分	评分标准	检测结果	扣分	得分
2	焊缝外观	错边≤10％且 δ≤2 mm	5	超标不得分			
		焊后角变形≤3°	5	超标不得分			
		外观成形美观，高低宽窄一致，起头、接头、收弧处无缺陷	5	焊缝不平整，焊纹不均扣 2 分；外观成形一般，焊缝不平直，局部高低宽窄不一致，扣 3 分；起、接、收弧处有缺陷扣 2 分，焊缝弯曲，高低宽窄明显不一致，有表面焊接缺陷，不得分			
3	焊缝内部质量	X 射线探伤按 NB/T 47013	40	Ⅰ级片不扣分，Ⅱ级片扣 7 分，Ⅲ级片扣 15 分；Ⅲ级以下不得分			
4	其他	安全文明生产	10	劳保用品穿戴不全，扣 2 分；焊接过程中有违反操作规程的现象，根据情况扣 2～5 分；焊接完毕，场地清理不干净，工具码放不整齐，扣 3 分			
5	定额	操作时间 70 min		超过 5 min 停止工作			
	合计		100				

否定项：1. 焊缝表面存在裂纹、未熔合缺陷；
　　　　2. 焊接操作时任意更改试件焊接位置；
　　　　3. 焊缝原始表面破坏。

评分人：_____　　　　核分人：_____

【题目 1—2】　φ51×3.5 的低合金钢管垂直固定加排管障碍的焊条电弧焊

1. 考核要求

（1）必须穿戴劳动保护用品。

（2）试件坡口形式：V 形。

（3）焊前将试件坡口及两侧 20 mm 范围内的铁锈、油污、氧化物等清理干净，使其露出金属光泽。

（4）间隙自定。

（5）定位焊在试件起焊位 90°处。

（6）单面焊双面成形。

（7）焊接位置为垂直固定加排管障碍。

（8）定位装配后，将装配好的试件固定在操作架上；试件一经施焊不得改变焊接位置。

（9）焊接完毕后关闭电焊机，将焊缝表面清理干净，并保持焊缝处于原始状态，不允许补焊、返修及修磨。将场地清理干净，工具摆放整齐。

（10）符合安全，文明生产。

2. 准备工作

（1）材料准备

序号	名称	规格	数量	备注
1	Q345	φ51 mm×3.5 mm×100 mm	2件/人	坡口面角度32°±2°
2	E5015 焊条	φ2.5 mm、φ3.2 mm	各10根/人	使用前要进行350～400℃烘干1～2 h。放保温筒内随用随取

试件尺寸形状及组对（见图2—2）。

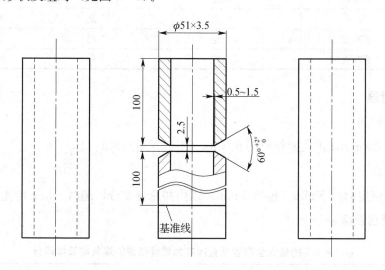

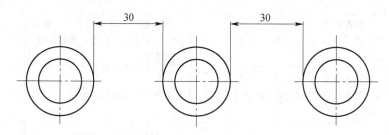

图 2—2　题目1—2试件的尺寸形状及组对

（2）设备准备

序号	名称	规格	数量	备注
1	ZX7－400 型逆变直流弧焊机	根据实际情况确定	1台/工位	鉴定站准备
2	焊条烘干箱	根据实际情况确定	2台/鉴定站	鉴定站准备
3	焊条保温筒	根据实际情况确定	1个/工位	鉴定站准备

（3）工具、量具准备

序号	名称	规格	数量	备注
1	焊接检验尺	HJC—40	不少于 3 把	鉴定站准备
2	钢板尺	根据实际情况确定	不少于 3 把	鉴定站准备
3	放大镜	5 倍	不少于 3 把	鉴定站准备
4	钢印		2 套	鉴定站准备
5	电焊面罩	自定	1 个	考生准备
6	电焊手套	自定	1 副	考生准备
7	锉刀	自定	1 把	考生准备
8	敲渣锤	自定	1 把	考生准备
9	錾子	自定	1 把	考生准备
10	钢丝刷	自定	1 把	考生准备
11	角向磨光机	自定	1 台	考生准备

3. 考核时限

（1）基本时间

准备时间 20 min，正式操作时间 40 min（不包括组对时间）。

（2）时间允差

操作超过额定时间 5 min（包括 5 min）以内扣总分 3 分，超时 5 min 停止工作。

4. 评分项目及标准

表 2—2 　　　　$\phi 51 \times 3.5$ 的低合金钢管垂直固定加排管障碍的焊条电弧焊评分

序号	考核内容	测评要点	配分	评分标准	检测结果	扣分	得分
1	焊接准备	劳保着装及工具准备齐全，参数设置、设备调试正确并符合要求	10	劳保着装不符合要求，工具每缺一项或不符合标准，各扣 1 分，扣完为止			
2	焊缝外观	焊缝表面不允许有裂纹、未熔合、夹渣、气孔、焊瘤、烧穿等缺陷	5	有任何一项缺陷不得分			
		焊缝咬边深度≤0.5 mm，两侧咬边总长度不超过焊缝有效长度的 10%	5	1. 咬边深度≤0.5 mm （1）长度每 5 mm 扣 1 分 （2）累计长度超过焊缝有效长度的 10% 不得分 2. 咬边深度＞0.5 mm 不得分			
		背面凹坑深度≤25% 且 δ≤2 mm	5	1. 深度≤20% 且 δ≤2 mm 时，每 10 mm 长度扣 1 分 2. 背面凹坑深度＞25% 且 δ＞2 mm 时不得分			

续表

序号	考核内容	测评要点	配分	评分标准	检测结果	扣分	得分
2	焊缝外观	焊缝余高 0～3 mm，余高差≤2 mm，焊缝宽度比坡口每侧增宽 0.5～2.5 mm，宽度差≤3 mm	5	每种尺寸超标一处扣 1 分，扣完为止			
		通球检验（通球直径为管内径的 85%）	5	通不过不得分			
		错边≤10%且 δ≤2 mm	5	超标不得分			
		焊后角变形≤3°	5	超标不得分			
		外观成形美观，高低宽窄一致，起头、接头、收弧处无缺陷	5	焊缝不平整，焊纹不均扣 2 分；外观成形一般，焊缝不平直，局部高低宽窄不一致，扣 3 分；起、接、收弧处有缺陷扣 2 分；焊缝弯曲，高低宽窄明显不一致，有表面焊接缺陷，不得分			
3	焊缝内部质量	X 射线探伤按 NB/T47013，拍 2 张，允许其中一张为Ⅲ级合格，其余Ⅱ级为合格	40	Ⅰ级不扣分，Ⅱ级扣 7 分，Ⅲ级扣 15 分；2 张Ⅱ级片各扣 7 分，1 张Ⅱ级、1 张Ⅲ级扣 22 分，2 张Ⅲ级不得分			
4	其他	安全文明生产	10	劳保用品穿戴不全，扣 2 分；焊接过程中有违反操作规程的现象，根据情况扣 2～5 分；焊接完毕，场地清理不干净，工具码放不整齐，扣 3 分			
5	定额	操作时间 60 min		超过 5 min 停止工作			
	合计		100				

否定项：1. 焊缝表面存在裂纹、未熔合缺陷；

　　　　2. 焊接操作时任意更改试件焊接位置；

　　　　3. 焊缝原始表面破坏。

评分人：＿＿＿＿＿＿　　　　　　核分人：＿＿＿＿＿＿

【题目 1—3】　ϕ51×3.5 的低碳钢水平固定加排管障碍的焊条电弧焊

1. 考核要求

（1）必须穿戴劳动保护用品。

（2）试件坡口形式：V 形。

（3）焊前将试件坡口及两侧 20 mm 范围内的铁锈、油污、氧化物等清理干净，使其露出金属光泽。

（4）间隙自定。

（5）定位焊在试件起焊位 90°处。

（6）单面焊双面成形。

（7）焊接位置为水平固定加排管障碍。

（8）定位装配后，将装配好的试件固定在操作架上，试件一经施焊不得改变焊接位置。

（9）焊接完毕后关闭电焊机，将焊缝表面清理干净，并保持焊缝原始状态，不允许补焊、返修及修磨。将场地清理干净，工具摆放整齐。

（10）符合安全，文明生产。

2. 准备工作

（1）材料准备

序号	名称	规格	数量	备注
1	20 号钢	φ51 mm×3.5 mm×100 mm	2 件/人	坡口面角度 32°±2°
2	E4303 焊条	φ2.5 mm、φ3.2 mm	各 10 根/人	使用前要进行 100～150℃烘干 1～2 h，放保温筒内随用随取

试件尺寸形状及组对（见图 2—3）

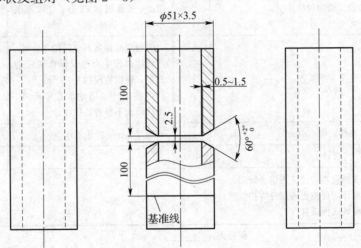

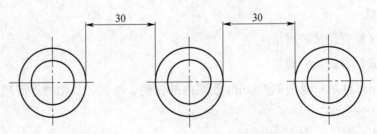

图 2—3　题目 1—3 试件尺寸形状及组对

3. 考核时限

（1）基本时间

准备时间 20 min，正式操作时间 40 min（不包括组对时间）。

（2）时间允差

操作超过额定时间 5 min（包括 5 min）以内扣总分 3 分，超时 5 min 停止工作。

4. 评分项目及标准

表 2—3 　　　　φ51×3.5 的低碳钢水平固定加排管障碍的焊条电弧焊评分

序号	考核内容	测评要点	配分	评分标准	检测结果	扣分	得分
1	焊接准备	劳保着装及工具准备齐全，参数设置、设备调试正确并符合要求	10	劳保着装不符合要求，工具每缺一项或不符合标准，各扣 1 分，扣完为止			
2	焊缝外观	焊缝表面不允许有裂纹、未熔合、夹渣、气孔、焊瘤、烧穿等缺陷	5	有任何一项缺陷不得分			
		焊缝咬边深度≤0.5 mm，两侧咬边总长度不超过焊缝有效长度的10%	5	1. 咬边深度≤0.5 mm （1）长度每 5 mm 扣 1 分 （2）累计长度超过焊缝有效长度的 10% 不得分 2. 咬边深度>0.5 mm 不得分			
		背面凹坑深度≤25%且 δ≤2 mm	5	1. 深度≤20%且 δ≤2 mm 时，每 10 mm 长度扣 1 分 2. 背面凹坑深度>25%且 δ>2 mm时不得分			
		焊缝余高 0~3 mm，余高差≤2 mm，焊缝宽度比坡口每侧增宽0.5~2.5 mm，宽度差≤3 mm	5	每种尺寸超标一处扣 1 分，扣完为止			
		通球检验（通球直径为管内径的85%）	5	通不过不得分			
		错边≤10%且 δ≤2 mm	5	超标不得分			
		焊后角变形≤3°	5	超标不得分			
		外观成形美观，高低宽窄一致，起头、接头、收弧处无缺陷	5	焊缝不平整，焊纹不均扣 2 分； 外观成形一般，焊缝不平直，局部高低宽窄不一致，扣 3 分； 起、接、收弧处有缺陷扣 2 分； 焊缝弯曲，高低宽窄明显不一致，有表面焊接缺陷，不得分			

序号	考核内容	测评要点	配分	评分标准	检测结果	扣分	得分
3	焊缝内部质量	X射线探伤按NB/T47013，拍2张，允许其中一张为Ⅲ级合格，其余Ⅱ级为合格	40	Ⅰ级不扣分，Ⅱ级扣7分，Ⅲ级扣15分； 2张Ⅱ级片各扣7分，1张Ⅱ级、1张Ⅲ级扣22分，2张Ⅲ级不得分			
4	其他	安全文明生产	10	劳保用品穿戴不全，扣2分； 焊接过程中有违反操作规程的现象，根据情况扣2~5分； 焊接完毕，场地清理不干净，工具码放不整齐，扣3分			
5	定额	操作时间60 min		超过5 min停止工作			
	合计		100				

否定项：1. 焊缝表面存在裂纹、未熔合缺陷；

　　　　2. 焊接操作时任意更改试件焊接位置；

　　　　3. 焊缝原始表面破坏

评分人：_____　　　　　　　　核分人：_____

【题目1—4】　φ51×3.5的低合金钢管45°固定加排管障碍的焊条电弧焊

1. 考核要求

（1）必须穿戴劳动保护用品。

（2）试件坡口形式：V形。

（3）焊前将试件坡口及两侧20 mm范围内的铁锈、油污、氧化物等清理干净，使其露出金属光泽。

（4）间隙自定。

（5）定位焊在试件起焊位90°处。

（6）单面焊双面成形。

（7）焊接位置为45°固定加排管障碍。

（8）定位装配后，将装配好的试件固定在操作架上，试件一经施焊不得改变焊接位置。

（9）焊接完毕后关闭电焊机，将焊缝表面清理干净，并保持焊缝原始状态，不允许补焊、返修及修磨。将场地清理干净，工具摆放整齐。

（10）符合安全，文明生产。

2. 准备工作

（1）材料准备

序号	名称	规格	数量	备注
1	Q345	$\phi51$ mm×3.5 mm×100 mm	2件/人	坡口面角度32°±2°
2	E5015 焊条	$\phi2.5$ mm、$\phi3.2$ mm	各10根/人	使用前要进行350~400℃烘干1~2 h，放保温筒内随用随取

试件尺寸形状及组对（见图2—4）。

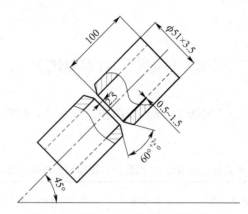

图 2—4　题1—4试件尺寸形状及组对

（2）设备准备

序号	名称	规格	数量	备注
1	ZX7－400型逆变直流弧焊机	根据实际情况确定	1台/工位	鉴定站准备
2	焊条烘干箱	根据实际情况确定	2台/鉴定站	鉴定站准备
3	焊条保温筒	根据实际情况确定	1个/工位	鉴定站准备

（3）工具、量具准备

序号	名称	规格	数量	备注
1	焊接检验尺	HJC－40	不少于3把	鉴定站准备
2	钢板尺	根据实际情况确定	不少于3把	鉴定站准备
3	放大镜	5倍	不少于3把	鉴定站准备
4	钢印		2套	鉴定站准备
5	电焊面罩	自定	1个	考生准备
6	电焊手套	自定	1副	考生准备
7	锉刀	自定	1把	考生准备
8	敲渣锤	自定	1把	考生准备

序号	名称	规格	数量	备注
9	錾子	自定	1把	考生准备
10	钢丝刷	自定	1把	考生准备
11	角向磨光机	自定	1台	考生准备

3. 考核时限

（1）基本时间

准备时间 20 min；正式操作时间 40 min（不包括组对时间）。

（2）时间允差

操作超过额定时间 5 min（包括 5 min）以内扣总分 3 分，超时 5 min 停止工作。

4. 评分项目及标准

表 2—4　　　　φ51×3.5 的低合金钢管 45°固定加排管障碍的焊条电弧焊评分

序号	考核内容	测评要点	配分	评分标准	检测结果	扣分	得分
1	焊接准备	劳保着装及工具准备齐全，参数设置、设备调试正确并符合要求	10	劳保着装不符合要求，工具每缺一项或不符合标准，各扣1分，扣完为止			
2	焊缝外观	焊缝表面不允许有裂纹、未熔合、夹渣、气孔、焊瘤、烧穿等缺陷	5	有任何一项缺陷不得分			
		焊缝咬边深度≤0.5 mm，两侧咬边总长度不超过焊缝有效长度的10%	5	1. 咬边深度≤0.5 mm（1）长度每5 mm扣1分（2）累计长度超过焊缝有效长度的10%不得分 2. 咬边深度>0.5 mm 不得分			
		背面凹坑深度≤25%且 δ≤2 mm	5	1. 深度≤20%且δ≤2 mm 时，每10 mm长度扣1分 2. 背面凹坑深度>25%且δ>2 mm时不得分			
		焊缝余高 0～3 mm，余高差≤2 mm，焊缝宽度比坡口每侧增宽0.5～2.5 mm，宽度差≤3 mm	5	每种尺寸超标一处扣1分，扣完为止			
		通球检验（通球直径为管内径的85%）	5	通不过不得分			
		错边≤10%且δ≤2 mm	5	超标不得分			

续表

序号	考核内容	测评要点	配分	评分标准	检测结果	扣分	得分
2	焊缝外观	焊后角变形≤3°	5	超标不得分			
		外观成形美观，高低宽窄一致，起头、接头、收弧处无缺陷	5	焊缝不平整，焊纹不均扣2分；外观成形一般，焊缝不平直，局部高低宽窄不一致，扣3分；起、接、收弧处有缺陷扣2分，焊缝弯曲，高低宽窄明显不一致，有表面焊接缺陷，不得分			
3	焊缝内部质量	X射线探伤按NB/T47013，拍2张，允许其中一张为Ⅲ级合格，其余Ⅱ级为合格	40	Ⅰ级不扣分；Ⅱ级扣7分，Ⅲ级扣15分；2张Ⅱ级片各扣7分，1张Ⅱ级、1张Ⅲ级扣22分，2张Ⅲ级不得分			
4	其他	安全文明生产	10	劳保用品穿戴不全，扣2分；焊接过程中有违反操作规程的现象，根据情况扣2~5分；焊接完毕，场地清理不干净，工具码放不整齐，扣3分			
5	定额	操作时间60 min		超过5 min停止工作			
	合计		100				

否定项：1. 焊缝表面存在裂纹、未熔合缺陷；

2. 焊接操作时任意更改试件焊接位置；

3. 焊缝原始表面破坏。

评分人：＿＿＿＿＿＿　　　　　核分人：＿＿＿＿＿＿

【题目1—5】 **φ60×5的不锈钢管水平固定加排管障碍的焊条电弧焊**

1. 考核要求

（1）必须穿戴劳动保护用品。

（2）试件坡口形式：V形。

（3）焊前将试件坡口及两侧20 mm范围内的油污、氧化物等清理干净，使其露出金属光泽。

（4）间隙自定。

（5）定位焊在试件起焊位90°处。

（6）单面焊双面成形。

（7）焊接位置为水平固定加排管障碍。

（8）定位装配后，将装配好的试件固定在操作架上，试件一经施焊不得改变焊接位置。

（9）焊接完毕后关闭电焊机，将焊缝表面清理干净，并保持焊缝原始状态，不允许补焊、返修及修磨。将场地清理干净，工具摆放整齐。

（10）符合安全，文明生产。

2. 准备工作

（1）材料准备

序号	名称	规格	数量	备注
1	0Cr19Ni10	ϕ60 mm×5 mm×100 mm	2件/人	坡口面角度 32°±2°
2	E308—16 焊条	ϕ2.5 mm、ϕ3.2 mm	各 10 根/人	使用前要进行 75～150℃烘干 1～2 h（需要时），放保温筒内随用随取。

试件尺寸形状及组对（见图 2—5）。

（2）设备准备

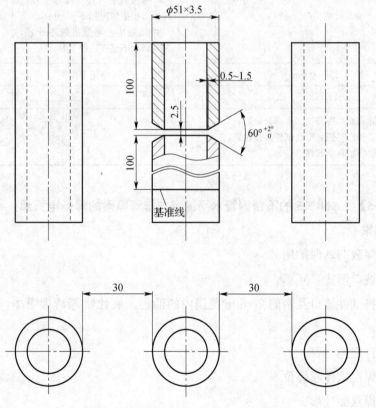

图 2—5　题目 1—5 试件尺寸形状及组对

序号	名称	规格	数量	备注
1	ZX7－400 型逆变直流弧焊机	根据实际情况确定	1 台/工位	鉴定站准备
2	焊条烘干箱	根据实际情况确定	2 台/鉴定站	鉴定站准备
3	焊条保温筒	根据实际情况确定	1 个/工位	鉴定站准备

（3）工具、量具准备

序号	名称	规格	数量	备注
1	焊接检验尺	HJC－40	不少于 3 把	鉴定站准备
2	钢板尺	根据实际情况确定	不少于 3 把	鉴定站准备
3	放大镜	5 倍	不少于 3 把	鉴定站准备
4	钢印		2 套	鉴定站准备
5	电焊面罩	自定	1 个	考生准备
6	电焊手套	自定	1 副	考生准备
7	锉刀	自定	1 把	考生准备
8	敲渣锤	自定	1 把	考生准备
9	錾子	自定	1 把	考生准备
10	不锈钢丝刷	自定	1 把	考生准备
11	角向磨光机	自定	1 台	考生准备

3. 考核时限

（1）基本时间

准备时间 20 min，正式操作时间 40 min（不包括组对时间）。

（2）时间允差

操作超过额定时间 5 min（包括 5 min）以内扣总分 3 分，超时 5 min 停止工作。

4. 评分项目及标准

表 2—5　　　φ60×5 的不锈钢管水平固定加排管障碍的焊条电弧焊评分

序号	考核内容	测评要点	配分	评分标准	检测结果	扣分	得分
1	焊接准备	劳保着装及工具准备齐全，参数设置、设备调试正确并符合要求	10	劳保着装不符合要求，工具每缺一项或不符合标准，各扣 1 分，扣完为止			
2	焊缝外观	焊缝表面不允许有裂纹、未熔合、夹渣、气孔、焊瘤、烧穿等缺陷	5	有任何一项缺陷不得分			

续表

序号	考核内容	测评要点	配分	评分标准	检测结果	扣分	得分
2	焊缝外观	焊缝咬边深度≤0.5 mm，两侧咬边总长度不超过焊缝有效长度的10%	5	1. 咬边深度≤0.5 mm （1）长度每5 mm扣1分 （2）累计长度超过焊缝有效长度的10%不得分 2. 咬边深度>0.5 mm不得分			
		背面凹坑深度≤25%且δ≤2 mm	5	1. 深度≤20%且δ≤2 mm时，每10 mm长度扣1分 2. 背面凹坑深度>25%且δ>2 mm时不得分			
		焊缝余高0～3 mm，余高差≤2 mm，焊缝宽度比坡口每侧增宽0.5～2.5 mm，宽度差≤3 mm	5	每种尺寸超标一处扣1分，扣完为止			
		通球检验（通球直径为管内径的85%）	5	通不过不得分			
		错边≤10%且δ≤2 mm	5	超标不得分			
		焊后角变形≤3°	5	超标不得分			
		外观成形美观，高低宽窄一致，起头、接头、收弧处无缺陷	5	焊缝不平整，焊纹不均扣2分；外观成形一般，焊缝不平直，局部高低宽窄不一致，扣3分；起、接、收弧处有缺陷扣2分；焊缝弯曲，高低宽窄明显不一致，有表面焊接缺陷，不得分			
3	焊缝内部质量	X射线探伤按NB/T47013，拍2张，允许其中一张为Ⅲ级合格，其余Ⅱ级为合格	40	Ⅰ级不扣分，Ⅱ级扣7分，Ⅲ级扣15分 2张Ⅱ级片各扣7分，1张Ⅱ级、1张Ⅲ级扣22分，2张Ⅲ级不得分			
4	其他	安全文明生产	10	劳保用品穿戴不全，扣2分；焊接过程中有违反操作规程的现象，根据情况扣2～5分；焊接完毕，场地清理不干净，工具码放不整齐，扣3分			
5	定额	操作时间60 min		超过5 min停止工作			
	合计		100				

否定项：1. 焊缝表面存在裂纹、未熔合缺陷；
　　　　2. 焊接操作时任意更改试件焊接位置；
　　　　3. 焊缝原始表面破坏

评分人：_____　　　　核分人：_____

【题目 1—6】 **$\phi60\times5$ 的不锈钢管垂直固定加排管障碍的焊条电弧焊**

1. 考核要求

(1) 必须穿戴劳动保护用品。

(2) 试件坡口形式：V 形。

(3) 焊前将试件坡口及两侧 20 mm 范围内的油污、氧化物等清理干净，使其露出金属光泽。

(4) 间隙自定。

(5) 定位焊在试件起焊位 90°处。

(6) 单面焊双面成形。

(7) 焊接位置为垂直固定加排管障碍。

(8) 定位装配后，将装配好的试件固定在操作架上，试件一经施焊不得改变焊接位置。

(9) 焊接完毕，关闭电焊机，焊缝表面清理干净，并保持焊缝原始状态，不允许补焊、返修及修磨。场地清理干净，工具摆放整齐。

(10) 符合安全，文明生产。

2. 准备工作

(1) 材料准备

序号	名称	规格	数量	备注
1	0Cr19Ni10	$\phi60$ mm×5 mm×100 mm	2 件/人	坡口面角度 32°±2°
2	E308—16 焊条	$\phi2.5$ mm、$\phi3.2$ mm	各 10 根/人	使用前要进行 75~150℃烘干 1~2 h（需要时）。放保温筒内随用随取

试件尺寸形状及组对（见图 2—6）。

(2) 设备准备

序号	名称	规格	数量	备注
1	ZX7—400 型逆变直流弧焊机	根据实际情况确定	1 台/工位	鉴定站准备
2	焊条烘干箱	根据实际情况确定	2 台/鉴定站	鉴定站准备
3	焊条保温筒	根据实际情况确定	1 个/工位	鉴定站准备

(3) 工具、量具准备

序号	名称	规格	数量	备注
1	焊接检验尺	HJC—40	不少于 3 把	鉴定站准备
2	钢板尺	根据实际情况确定	不少于 3 把	鉴定站准备
3	放大镜	5 倍	不少于 3 把	鉴定站准备

续表

序号	名称	规格	数量	备注
4	钢印		2套	鉴定站准备
5	电焊面罩	自定	1个	考生准备
6	电焊手套	自定	1副	考生准备
7	锉刀	自定	1把	考生准备
8	敲渣锤	自定	1把	考生准备
9	錾子	自定	1把	考生准备
10	不锈钢丝刷	自定	1把	考生准备
11	角向磨光机	自定	1台	考生准备

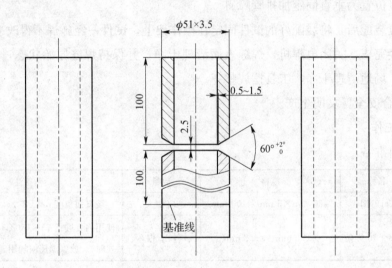

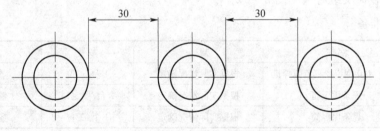

图2—6　题目1—6试件尺寸形状及组对

3. 考核时限

（1）基本时间

准备时间20 min，正式操作时间40 min（不包括组对时间）。

（2）时间允差

操作超过额定时间 5 min（包括 5 min）以内扣总分 3 分，超时 5 min 停止工作。

4. 评分项目及标准

表 2—6　　　　　　φ60×5 的不锈钢管垂直固定加排管障碍的焊条电弧焊评分

序号	考核内容	测评要点	配分	评分标准	检测结果	扣分	得分
1	焊接准备	劳保着装及工具准备齐全，参数设置、设备调试正确并符合要求	10	劳保着装不符合要求，工具每缺一项或不符合标准，各扣 1 分，扣完为止			
2	焊缝外观	焊缝表面不允许有裂纹、未熔合、夹渣、气孔、焊瘤、烧穿等缺陷	5	有任何一项缺陷不得分			
		焊缝咬边深度≤0.5 mm，两侧咬边总长度不超过焊缝有效长度的 10%	5	1. 咬边深度≤0.5 mm （1）长度每 5 mm 扣 1 分 （2）累计长度超过焊缝有效长度的 10% 不得分 2. 咬边深度>0.5 mm 不得分			
		背面凹坑深度≤25% 且 δ≤2 mm	5	1. 深度≤20% 且 δ≤2 mm 时，每 10 mm 长度扣 1 分 2. 背面凹坑深度>25% 且 δ>2 mm 时不得分			
		焊缝余高 0～3 mm，余高差≤2 mm，焊缝宽度比坡口每侧增宽 0.5～2.5 mm，宽度差≤3 mm	5	每种尺寸超标一处扣 1 分，扣完为止			
		通球检验（通球直径为管内径的 85%）	5	通不过不得分			
		错边≤10% 且 δ≤2 mm	5	超标不得分			
		焊后角变形≤3°	5	超标不得分			
		外观成形美观，高低宽窄一致，起头、接头、收弧处无缺陷	5	焊缝不平整，焊纹不均扣 2 分； 外观成形一般，焊缝不平直，局部高低宽窄不一致，扣 3 分； 起、接、收弧处有缺陷扣 2 分，焊缝弯曲，高低宽窄明显不一致，有表面焊接缺陷，不得分			
3	焊缝内部质量	X 射线探伤按 NB/T47013 进行，拍 2 张，允许其中一张为Ⅲ级合格，其余Ⅱ级为合格	40	Ⅰ级不扣分，Ⅱ级扣 7 分，Ⅲ级扣 15 分； 2 张Ⅱ级片各扣 7 分，1 张Ⅱ级 1 张Ⅲ级扣 22 分，2 张Ⅲ级不得分			

序号	考核内容	测评要点	配分	评分标准	检测结果	扣分	得分
4	其他	安全文明生产	10	劳保用品穿戴不全，扣2分； 焊接过程中有违反操作规程的现象，根据情况扣2～5分； 焊接完毕，场地清理不干净，工具码放不整齐，扣3分			
5	定额	操作时间60 min		超过5 min停止工作			
		合计	100				

否定项：1. 焊缝表面存在裂纹、未熔合缺陷；
　　　　2. 焊接操作时任意更改试件焊接位置；
　　　　3. 焊缝原始表面破坏

评分人：_____　　　　　核分人：_____

【题目1—7】　$\phi60\times5$ 的不锈钢管 45°固定加排管障碍的焊条电弧焊

1. 考核要求

（1）必须穿戴劳动保护用品。

（2）试件坡口形式：V形。

（3）焊前将试件坡口及两侧20 mm范围内的油污、氧化物等清理干净，使其露出金属光泽。

（4）间隙自定。

（5）定位焊在试件起焊位90°处。

（6）单面焊双面成形。

（7）焊接位置为45°固定加排管障碍。

（8）定位装配后，将装配好的试件固定在操作架上，试件一经施焊不得改变焊接位置。

（9）焊接完毕后关闭电焊机，将焊缝表面清理干净，并保持焊缝原始状态，不允许补焊、返修及修磨。将场地清理干净，工具摆放整齐。

（10）符合安全，文明生产。

2. 准备工作

（1）材料准备

序号	名称	规格	数量	备注
1	0Cr19Ni10	$\phi60$ mm×5 mm×100 mm	2件/人	坡口面角度32°±2°
2	E308—16焊条	$\phi2.5$ mm、$\phi3.2$ mm	各10根/人	使用前要进行75～150℃烘干1～2 h（需要时），放保温筒内随用随取

试件尺寸形状及组对（见图 2—7）。

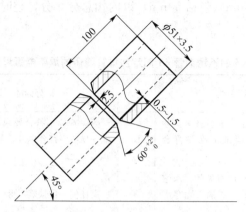

图 2—7　题目 1—7 试件尺寸形状及组对

（2）设备准备

序号	名称	规格	数量	备注
1	ZX7-400 型逆变直流弧焊机	根据实际情况确定	1 台/工位	鉴定站准备
2	焊条烘干箱	根据实际情况确定	2 台/鉴定站	鉴定站准备
3	焊条保温筒	根据实际情况确定	1 个/工位	鉴定站准备

（3）工具、量具准备

序号	名称	规格	数量	备注
1	焊接检验尺	HJC-40	不少于 3 把	鉴定站准备
2	钢板尺	根据实际情况确定	不少于 3 把	鉴定站准备
3	放大镜	5 倍	不少于 3 把	鉴定站准备
4	钢印		2 套	鉴定站准备
5	电焊面罩	自定	1 个	考生准备
6	电焊手套	自定	1 副	考生准备
7	锉刀	自定	1 把	考生准备
8	敲渣锤	自定	1 把	考生准备
9	錾子	自定	1 把	考生准备
10	不锈钢丝刷	自定	1 把	考生准备
11	角向磨光机	自定	1 台	考生准备

3. 考核时限

（1）基本时间

准备时间 20 min，正式操作时间 40 min（不包括组对时间）。

（2）时间允差

操作超过额定时间 5 min（包括 5 min）以内扣总分 3 分，超时 5 min 停止工作。

4. 评分项目及标准

表 2—7 　　　　　φ60×5 的不锈钢管 45°固定加排管障碍的焊条电弧焊评分

序号	考核内容	测评要点	配分	评分标准	检测结果	扣分	得分
1	焊接准备	劳保着装及工具准备齐全，参数设置、设备调试正确并符合要求	10	劳保着装不符合要求，工具每缺一项或不符合标准，各扣 1 分，扣完为止			
2	焊缝外观	焊缝表面不允许有裂纹、未熔合、夹渣、气孔、焊瘤、烧穿等缺陷	5	有任何一项缺陷不得分			
		焊缝咬边深度≤0.5 mm，两侧咬边总长度不超过焊缝有效长度的 10%	5	1. 咬边深度≤0.5 mm （1）长度每 5 mm 扣 1 分 （2）累计长度超过焊缝有效长度的 10% 不得分 2. 咬边深度>0.5 mm 不得分			
		背面凹坑深度≤25% 且 δ≤2 mm	5	1. 深度≤20% 且 δ≤2 mm 时，每 10 mm 长度扣 1 分 2. 背面凹坑深度>25% 且 δ>2 mm 时不得分			
		焊缝余高 0~3 mm，余高差≤2 mm，焊缝宽度比坡口每侧增宽 0.5~2.5 mm，宽度差≤3 mm	5	每种尺寸超标一处扣 1 分，扣完为止			
		通球检验（通球直径为管内径的 85%）	5	通不过不得分			
		错边≤10% 且 δ≤2 mm	5	超标不得分			
		焊后角变形≤3°	5	超标不得分			
		外观成形美观，高低宽窄一致，起头、接头、收弧处无缺陷	5	焊缝不平整，焊纹不均扣 2 分； 外观成形一般，焊缝不平直，局部高低宽窄不一致，扣 3 分； 起、接、收弧处有缺陷扣 2 分； 焊缝弯曲，高低宽窄明显不一致，有表面焊接缺陷，不得分			
3	焊缝内部质量	X 射线探伤按 NB/T47013 进行，拍 2 张，允许其中一张为Ⅲ级合格，其余Ⅱ级为合格	40	Ⅰ级不扣分，Ⅱ级扣 7 分，Ⅲ级扣 15 分； 2 张Ⅱ级片各扣 7 分，1 张Ⅱ级、1 张Ⅲ级扣 22 分，2 张Ⅲ级不得分			

续表

序号	考核内容	测评要点	配分	评分标准	检测结果	扣分	得分
4	其他	安全文明生产	10	劳保用品穿戴不全，扣2分；焊接过程中有违反操作规程的现象，根据情况扣2~5分；焊接完毕，场地清理不干净，工具码放不整齐，扣3分			
5	定额	操作时间 60 min		超过 5 min 停止工作			
		合计	100				

否定项：1. 焊缝表面存在裂纹、未熔合缺陷；

　　　　2. 焊接操作时任意更改试件焊接位置；

　　　　3. 焊缝原始表面破坏

评分人：＿＿＿＿＿＿　　　　核分人：＿＿＿＿＿＿

第 2 章　熔化极气体保护焊

考 核 要 点

技能操作考核范围	考核要点	重要程度
厚度≥6 mm 低碳钢板或低合金钢板的仰焊位置对接熔化极活性气体保护焊单面焊双面成形	1. 焊接设备、焊接材料的选择	★★
	2. 厚度≥6 mm 低碳钢板或低合金钢板的仰焊位置对接熔化极活性气体保护焊的坡口制备	★★
	3. 厚度≥6 mm 低碳钢板或低合金钢板的仰焊位置对接熔化极活性气体保护焊的焊件清理、组对及定位焊	★★★
	4. 厚度≥6 mm 低碳钢板或低合金钢板的仰焊位置对接熔化极活性气体保护焊操作要领	★★★
	5. 厚度≥6 mm 低碳钢板或低合金钢板的仰焊位置对接熔化极活性气体保护焊工艺	★★★
	6. 厚度≥6 mm 低碳钢板或低合金钢板的仰焊位置对接熔化极活性气体保护焊质量检查	★
不锈钢板对接平焊的富氩混合气体熔化极脉冲气体保护焊	1. 焊接设备、焊接材料的选择	★★
	2. 不锈钢板富氩混合气体熔化极脉冲气体保护焊的坡口制备	★★
	3. 不锈钢板富氩混合气体熔化极脉冲气体保护焊的焊件清理、组对及定位焊	★★★
	4. 不锈钢板富氩混合气体熔化极脉冲气体保护焊的焊接操作要领	★★★
	5. 不锈钢板富氩混合气体熔化极脉冲气体保护焊的焊接工艺	★★★
	6. 不锈钢板富氩混合气体熔化极脉冲气体保护焊焊接接头质量检查	★

注："重要程度"中，"★"为级别最低，"★★★"为级别最高。

辅导练习题

【题目 2—1】　厚度 $\delta = 12\,mm$ 的低合金钢板仰焊熔化极活性气体保护焊

1. 考核要求

（1）必须穿戴劳动保护用品。

（2）试件坡口形式：V 形。

（3）焊前将试件坡口及两侧 20 mm 范围内的铁锈、油污、氧化物等清理干净，使其露出金属光泽。

（4）间隙自定。

（5）定位焊在试件背面两端 10 mm 范围内。定位焊时允许采用反变形。

（6）单面焊双面成形。

（7）焊接位置为仰焊。

（8）定位装配后，将装配好的试件固定在操作架上，试件一经施焊不得改变焊接位置。

（9）焊接完毕后关闭焊接设备，将焊缝表面清理干净，并保持焊缝原始状态，不允许补焊、返修及修磨。将场地清理干净，工具摆放整齐。

（10）符合安全，文明生产。

2. 准备工作

（1）材料准备

序号	名称	规格	数量	备注
1	钢板 Q345（16Mn）	$\phi 250\,mm \times 150\,mm \times 12\,mm$	2 件/人	坡口面角度 30°±2°，板厚允许在 ≥6 mm 范围内选取，并相应改变焊接材料用量
2	ER50—6	$\phi 1.2\,mm$		焊丝表面不得有铁锈、油污、氧化物等
3	气体：预先混合好的瓶装混合气	瓶装		

试件形状及尺寸（见图 2—8）

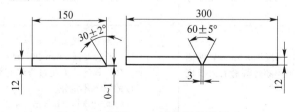

图 2—8　题目 2—1 试件形状及尺寸

（2）设备准备

序号	名称	规格	数量	备注
1	焊接设备选用二氧化碳气体保护焊机 NBC—350	根据实际情况确定	1台/工位	鉴定站准备

（3）工具、量具准备

序号	名称	规格	数量	备注
1	焊接检验尺	HJC—40	不少于3把	鉴定站准备
2	钢板尺	根据实际情况确定	不少于3把	鉴定站准备
3	放大镜	5倍	不少于3把	鉴定站准备
4	钢印		2套	鉴定站准备
5	电焊面罩	自定	1个	考生准备
6	电焊手套	自定	1副	考生准备
7	锉刀	自定	1把	考生准备
8	钢丝刷	自定	1把	考生准备
9	角向磨光机	自定	1台	考生准备

3. 考核时限

（1）基本时间

准备时间 25 min，正式操作时间 45 min（不包括组对时间）。

（2）时间允差

操作超过额定时间 5 min（包括 5 min）以内扣总分 3 分，超时 5 min 停止工作。

4. 评分项目及标准

表 2—8　　　　厚度 $\delta=12$ mm 的低合金钢板仰焊熔化极活性气体保护焊评分

序号	考核内容	测评要点	配分	评分标准	检测结果	扣分	得分
1	焊接准备	劳保着装及工具准备齐全，参数设置、设备调试正确并符合要求	10	劳保着装不符合要求，工具每缺一项或不符合标准，各扣1分，扣完为止			
2	焊缝外观	焊缝表面不允许有裂纹、未熔合、夹渣、气孔、焊瘤、烧穿等缺陷	5	有任何一项缺陷不得分			
		焊缝咬边深度≤0.5 mm，两侧咬边总长度不超过焊缝有效长度的10%	5	1. 咬边深度≤0.5 mm （1）长度每5 mm扣1分 （2）累计长度超过焊缝有效长度的10%不得分 2. 咬边深度>0.5 mm不得分			

续表

序号	考核内容	测评要点	配分	评分标准	检测结果	扣分	得分
2	焊缝外观	背面凹坑深度≤25%且 δ≤2 mm	5	1. 深度≤20%且 δ≤2 mm 时，每 10 mm 长度扣 1 分 2. 背面凹坑深度>25%且 δ>2 mm 时不得分			
		焊缝余高 0~3 mm，余高差≤2 mm，焊缝宽度比坡口每侧增宽 0.5~2.5 mm，宽度差≤3 mm	5	每种尺寸超标一处扣 1 分，扣完为止			
		背面焊缝余高≤3 mm	5	超标不得分			
		错边≤10%且 δ≤2 mm	5	超标不得分			
		焊后角变形≤3°	5	超标不得分			
		外观成形美观，高低宽窄一致，起头、接头、收弧处无缺陷	5	焊缝不平整，焊纹不均扣 2 分；外观成形一般，焊缝不平直，局部高低宽窄不一致，扣 3 分；起、接、收弧处有缺陷扣 2 分，焊缝弯曲，高低宽窄明显不一致，有表面焊接缺陷，不得分			
3	焊缝内部质量	X 射线探伤按 NB/T 47013 进行	40	Ⅰ级片不扣分，Ⅱ级片扣 7 分，Ⅲ级片扣 15 分，Ⅲ级以下不得分			
4	其他	安全文明生产	10	劳保用品穿戴不全，扣 2 分；焊接过程中有违反操作规程的现象，根据情况扣 2~5 分；焊接完毕，场地清理不干净，工具码放不整齐，扣 3 分			
5	定额	操作时间 70 min		超过 5 min 停止工作			
	合计		100				

否定项：1. 焊缝表面存在裂纹、未熔合缺陷；

　　　　2. 焊接操作时任意更改试件焊接位置；

　　　　3. 焊缝原始表面破坏。

评分人：＿＿＿＿＿＿　　　　　　核分人：＿＿＿＿＿＿

【题目 2—2】　δ＝12 mm 的不锈钢板平焊富氩混合气体熔化极脉冲气体保护焊

1. 考核要求

（1）必须穿戴劳动保护用品。

（2）试件坡口形式：V 形。

（3）焊前将试件坡口及两侧 20 mm 范围内的油污、氧化物等清理干净，使其露出金属光泽。

（4）间隙自定。

（5）定位焊在试件背面两端 10 mm 范围内。定位焊时允许采用反变形。

（6）单面焊双面成形。

（7）焊接位置为平焊。

（8）定位装配后，将装配好的试件固定在操作架上，试件一经施焊不得改变焊接位置。

（9）焊接完毕后关闭电焊机，将焊缝表面清理干净，并保持焊缝原始状态，不允许补焊、返修及修磨。将场地清理干净，工具摆放整齐。

（10）符合安全，文明生产。

2. 准备工作

（1）材料准备

序号	名称	规格	数量	备注
1	不锈钢板 0Cr18Ni9	ϕ250 mm×150 mm×12 mm	2件/人	坡口面角度 30°±2°，板厚允许在≥6 mm 范围内选取，并相应改变焊接材料用量
2	ER308L	ϕ1.2 mm		焊丝表面不得有油污、氧化物等
3	气体：预先混合好的瓶装混合气	瓶装		

试件形状及尺寸（见图 2—9）

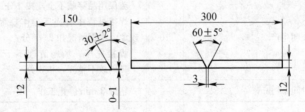

图 2—9　题目 2—2 试件形状及尺寸

（2）设备准备

序号	名称	规格	数量	备注
1	焊接设备	NBW—350 型	1 台/工位	鉴定站准备

（3）工具、量具准备

序号	名称	规格	数量	备注
1	焊接检验尺	HJC—40	不少于 3 把	鉴定站准备
2	钢板尺	根据实际情况确定	不少于 3 把	鉴定站准备

续表

序号	名称	规格	数量	备注
3	放大镜	5 倍	不少于 3 把	鉴定站准备
4	钢印		2 套	鉴定站准备
5	电焊面罩	自定	1 个	考生准备
6	电焊手套	自定	1 副	考生准备
7	锉刀	自定	1 把	考生准备
8	不锈钢丝刷	自定	1 把	考生准备
9	角向磨光机	自定	1 台	考生准备

3. 考核时限

（1）基本时间

准备时间 25 min，正式操作时间 45 min（不包括组对时间）。

（2）时间允差

操作超过额定时间 5 min（包括 5 min）以内扣总分 3 分，超时 5 min 停止工作。

4. 评分项目及标准

表 2—9　　　　$\delta = 12$ mm 的不锈钢板平焊富氩混合气体熔化极脉冲气体保护焊评分

序号	考核内容	测评要点	配分	评分标准	检测结果	扣分	得分
1	焊接准备	劳保着装及工具准备齐全，参数设置、设备调试正确并符合要求	10	劳保着装不符合要求，工具每缺一项或不符合标准，各扣 1 分，扣完为止			
2	焊缝外观	焊缝表面不允许有裂纹、未熔合、夹渣、气孔、焊瘤、烧穿等缺陷	5	有任何一项缺陷不得分			
		焊缝咬边深度≤0.5 mm，两侧咬边总长度不超过焊缝有效长度的 10%	5	1. 咬边深度≤0.5 mm （1）长度每 5 mm 扣 1 分 （2）累计长度超过焊缝有效长度的 10% 不得分 2. 咬边深度>0.5 mm 不得分			
		背面凹坑深度≤25% 且 $\delta \leqslant$ 2 mm	5	1. 深度≤20% 且 $\delta \leqslant$ 2 mm 时，每 10 mm 长度扣 1 分 2. 背面凹坑深度>25% 且 $\delta >$ 2 mm 时不得分			
		焊缝余高 0～3 mm，余高差≤2 mm，焊缝宽度比坡口每侧增宽 0.5～2.5 mm，宽度差<3 mm	5	每种尺寸超标一处扣 1 分，扣完为止			

续表

序号	考核内容	测评要点	配分	评分标准	检测结果	扣分	得分
2	焊缝外观	背面焊缝余高≤3 mm	5	超标不得分			
		错边≤10%且δ≤2 mm	5	超标不得分			
		焊后角变形≤3°	5	超标不得分			
		外观成形美观，高低宽窄一致，起头、接头、收弧处无缺陷	5	焊缝不平整，焊纹不均扣2分；外观成形一般，焊缝不平直，局部高低宽窄不一致，扣3分；起、接、收弧处有缺陷扣2分，焊缝弯曲，高低宽窄明显不一致，有表面焊接缺陷，不得分			
3	焊缝内部质量	X射线探伤按NB/T 47013进行	40	Ⅰ级片不扣分，Ⅱ级片扣7分，Ⅲ级片扣15分，Ⅲ级以下不得分			
4	其他	安全文明生产	10	劳保用品穿戴不全，扣2分；焊接过程中有违反操作规程的现象，根据情况扣2～5分；焊接完毕，场地清理不干净，工具码放不整齐，扣3分			
5	定额	操作时间70 min		超过5 min停止工作			
	合计		100				

否定项：1. 焊缝表面存在裂纹、未熔合缺陷；
　　　　2. 焊接操作时任意更改试件焊接位置；
　　　　3. 焊缝原始表面破坏。

评分人：_____　　　　　　　核分人：_____

第 3 章　非熔化极气体保护焊

考 核 要 点

技能操作考核范围	考核要点	重要程度
管径≤76 mm 低合金钢管对接水平和垂直固定、45°固定加排管障碍的手工钨极氩弧焊	1. 焊接设备、焊接材料的选择	★★
	2. 管径≤76 mm 低合金钢管水平和垂直固定、45°固定的手工钨极氩弧焊的坡口制备	★★
	3. 管径≤76 mm 低合金钢管水平和垂直固定、45°固定的手工钨极氩弧焊试件清理、组对及定位焊	★★★
	4. 管径≤76 mm 低合金钢管水平和垂直固定、45°固定的手工钨极氩弧焊操作要领	★★★
	5. 管径≤76 mm 低合金钢管水平和垂直固定、45°固定的手工钨极氩弧焊工艺	★★★
	6. 管径≤76 mm 低合金钢管水平和垂直固定、45°固定的手工钨极氩弧焊质量控制	★
管径≤76 mm 不锈钢管或异种钢管对接的水平固定、垂直固定和45°固定手工钨极氩弧焊	1. 焊接设备、焊接材料的选择	★★
	2. 管径≤76 mm 不锈钢管或异种钢管水平和垂直固定、45°固定的手工钨极氩弧焊的坡口制备	★★
	3. 管径≤76 mm 不锈钢管或异种钢管水平和垂直固定、45°固定的手工钨极氩弧焊试件清理、组对及定位焊	★★★
	4. 管径≤76 mm 不锈钢管或异种钢管水平和垂直固定、45°固定的手工钨极氩弧焊操作要领	★★★
	5. 管径≤76 mm 不锈钢管或异种钢管水平和垂直固定、45°固定的手工钨极氩弧焊工艺	★★★
	6. 管径≤76 mm 不锈钢管或异种钢管水平和垂直固定、45°固定的手工钨极氩弧焊质量控制	★

续表

技能操作考核范围	考核要点	重要程度
不锈钢薄板的等离子弧焊接	1. 等离子焊接电源、电极及工作气体的选择	★★
	2. 不锈钢薄板等离子弧焊坡口制备试件清理、组对	★★★
	3. 不锈钢薄板等离子弧焊接操作要领	★★★
	4. 不锈钢薄板等离子弧焊接工艺	★★★
	5. 不锈钢薄板等离子弧焊接质量控制	★

注："重要程度"中，"★"为级别最低，"★★★"为级别最高。

辅导练习题

【题目 3—1】 **ϕ60×5 的低合金钢管垂直固定加排管障碍手工钨极氩弧焊**

1. 考核要求

（1）必须穿戴劳动保护用品。

（2）试件坡口形式：V 形。

（3）焊前将试件坡口及两侧 20 mm 范围内的铁锈、油污、氧化物等清理干净，使其露出金属光泽。

（4）间隙自定。

（5）定位焊在试件起焊位 90°处。

（6）单面焊双面成形。

（7）焊接位置为垂直固定加排管障碍。

（8）定位装配后，将装配好的试件固定在操作架上，试件一经施焊不得改变焊接位置。

（9）焊接完毕后关闭焊接设备，将焊缝表面清理干净，并保持焊缝原始状态，不允许补焊、返修及修磨。将场地清理干净，工具摆放整齐。

（10）符合安全，文明生产。

2. 准备工作

（1）材料准备

序号	名称	规格	数量	备注
1	Q345 钢管	ϕ60 mm×5 mm×100 mm	2 件/人	坡口面角度 30°±2°
2	焊丝 ER50—6 电	ϕ2.5 mm		焊丝表面不得有锈、油、污等
3	电极：铈钨极	ϕ2.5 mm		
4	保护气体：氩气	纯度 99.99%		

试件尺寸形状及组对（见图 2—10）。

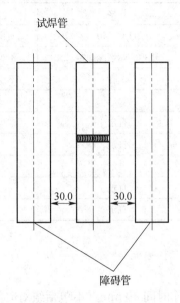

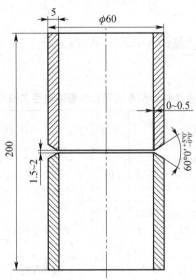

图 2—10　题目 3—1 试件尺寸及组对

（2）设备准备

序号	名称	规格	数量	备注
1	焊接设备：WS—300，直流正接	根据实际情况确定	1 台/工位	鉴定站准备

（3）工具、量具准备

序号	名称	规格	数量	备注
1	焊接检验尺	HJC—40	不少于 3 把	鉴定站准备
2	钢板尺	根据实际情况确定	不少于 3 把	鉴定站准备
3	放大镜	5 倍	不少于 3 把	鉴定站准备
4	钢印		2 套	鉴定站准备
5	电焊面罩	自定	1 个	考生准备
6	电焊手套	自定	1 副	考生准备
7	锉刀	自定	1 把	考生准备
8	钢丝刷	自定	1 把	考生准备
9	角向磨光机	自定	1 台	考生准备

3. 考核时限

（1）基本时间

准备时间 20 min，正式操作时间 40 min（不包括组对时间）。

（2）时间允差

操作超过额定时间 5 min（包括 5 min）以内扣总分 3 分，超时 5 min 停止工作。

4. 评分项目及标准

表 2—10　　　　$\phi60×5$ 的低合金钢管垂直固定加排管障碍手工钨极氩弧焊评分

序号	考核内容	测评要点	配分	评分标准	检测结果	扣分	得分
1	焊接准备	劳保着装及工具准备齐全，参数设置、设备调试正确并符合要求	10	劳保着装不符合要求，工具每缺一项或不符合标准，各扣 1 分，扣完为止			
2	焊缝外观	焊缝表面不允许有裂纹、未熔合、夹渣、气孔、焊瘤、烧穿等缺陷	5	有任何一项缺陷不得分			
		焊缝咬边深度≤0.5 mm，两侧咬边总长度不超过焊缝有效长度的 10%	5	1. 咬边深度≤0.5 mm （1）长度每 5 mm 扣 1 分 （2）累计长度超过焊缝有效长度的 10% 不得分 2. 咬边深度＞0.5 mm 不得分			
		背面凹坑深度≤25% 且 δ≤2 mm	5	1. 深度≤20% 且 δ≤2 mm 时，每 10 mm 长度扣 1 分 2. 背面凹坑深度＞25% 且 δ＞2 mm 时不得分			

续表

序号	考核内容	测评要点	配分	评分标准	检测结果	扣分	得分
2	焊缝外观	焊缝余高 0～3 mm，余高差≤2 mm，焊缝宽度比坡口每侧增宽 0.5～2.5 mm，宽度差≤3 mm	5	每种尺寸超标一处扣 1 分，扣完为止			
		通球检验（通球直径为管内径的 85%）	5	通不过不得分			
		错边≤10% 且 δ≤2 mm	5	超标不得分			
		焊后角变形≤3°	5	超标不得分			
		外观成形美观，高低宽窄一致，起头、接头、收弧处无缺陷	5	焊缝不平整，焊纹不均扣 2 分；外观成形一般，焊缝不平直，局部高低宽窄不一致，扣 3 分；起、接、收弧处有缺陷扣 2 分，焊缝弯曲，高低宽窄明显不一致，有表面焊接缺陷，不得分			
3	焊缝内部质量	X 射线探伤按 NB/T47013 进行，拍 2 张，允许其中一张为Ⅲ级合格，其余Ⅱ级为合格	40	Ⅰ级不扣分，Ⅱ级扣 7 分，Ⅲ级扣 15 分；2 张Ⅱ级片各扣 7 分，1 张Ⅱ级、1 张Ⅲ级扣 22 分，2 张Ⅲ级不得分			
4	其他	安全文明生产	10	劳保用品穿戴不全，扣 2 分；焊接过程中有违反操作规程的现象，根据情况扣 2～5 分；焊接完毕，场地清理不干净，工具码放不整齐，扣 3 分			
5	定额	操作时间 60 min		超过 5 min 停止工作			
	合计		100				

否定项：1. 焊缝表面存在裂纹、未熔合缺陷；
　　　　2. 焊接操作时任意改变试件焊接位置；
　　　　3. 焊缝原始表面破坏

评分人：_____　　　　核分人：_____

【题目 3—2】　φ60×5 的低合金钢管水平固定加排管障碍手工钨极氩弧焊

1. 考核要求

（1）必须穿戴劳动保护用品。

（2）试件坡口形式：V 形。

（3）焊前将试件坡口及两侧 20 mm 范围内的铁锈、油污、氧化物等清理干净，使其露出金属光泽。

（4）间隙自定。

（5）定位焊在试件起焊位 90°处。

（6）单面焊双面成形。

（7）焊接位置为水平固定加排管障碍。

（8）定位装配后，将装配好的试件固定在操作架上，试件一经施焊不得改变焊接位置。

（9）焊接完毕后关闭焊接设备，将焊缝表面清理干净，并保持焊缝原始状态，不允许补焊、返修及修磨。将场地清理干净，工具摆放整齐。

（10）符合安全，文明生产。

2. 准备工作

（1）材料准备

序号	名称	规格	数量	备注
1	15CrMoG	ϕ60 mm×5 mm×100 mm	2 件/人	坡口面角度 30°±2°
2	焊丝 ER50－6 电	ϕ2.5 mm		焊丝表面不得有锈、油、污等
3	电极：铈钨极	ϕ2.5 mm		
4	保护气体：氩气	纯度 99.99％。		

试件尺寸形状及组对（见图 2—11）

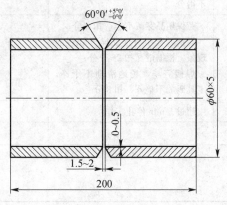
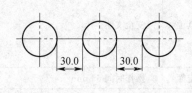

图 2—11 题目 3—2 试件尺寸形状及组对

（2）设备准备

序号	名称	规格	数量	备注
1	焊接设备：WS－300，直流正接	根据实际情况确定	1 台/工位	鉴定站准备

（3）工具、量具准备

序号	名称	规格	数量	备注
1	焊接检验尺	HJC－40	不少于 3 把	鉴定站准备

序号	名称	规格	数量	备注
2	钢板尺	根据实际情况确定	不少于 3 把	鉴定站准备
3	放大镜	5 倍	不少于 3 把	鉴定站准备
4	钢印		2 套	鉴定站准备
5	电焊面罩	自定	1 个	考生准备
6	电焊手套	自定	1 副	考生准备
7	锉刀	自定	1 把	考生准备
8	钢丝刷	自定	1 把	考生准备
9	角向磨光机	自定	1 台	考生准备

3. 考核时限

（1）基本时间

准备时间 20 min，正式操作时间 40 min（不包括组对时间）。

（2）时间允差

操作超过额定时间 5 min（包括 5 min）以内扣总分 3 分，超时 5 min 停止工作。

4. 评分项目及标准

表 2—11　　　$\phi60\times5$ 的低合金钢管水平固定加排管障碍手工钨极氩弧焊评分

序号	考核内容	测评要点	配分	评分标准	检测结果	扣分	得分
1	焊接准备	劳保着装及工具准备齐全，参数设置、设备调试正确并符合要求	10	劳保着装不符合要求，工具每缺一项或不符合标准，各扣 1 分，扣完为止			
2	焊缝外观	焊缝表面不允许有裂纹、未熔合、夹渣、气孔、焊瘤、烧穿等缺陷	5	有任何一项缺陷不得分			
		焊缝咬边深度≤0.5 mm，两侧咬边总长度不超过焊缝有效长度的10%	5	1. 咬边深度≤0.5 mm （1）长度每多 5 mm 扣 1 分 （2）累计长度超过焊缝有效长度的 10% 不得分 2. 咬边深度>0.5 mm 不得分			
		背面凹坑深度≤25% 且 δ≤2 mm	5	1. 深度≤20% 且 δ≤2 mm 时，每 10 mm 长度扣 1 分 2. 背面凹坑深度>25% 且 δ>2 mm 时不得分			
		焊缝余高 0～3 mm，余高差≤2 mm，焊缝宽度比坡口每侧增宽 0.5～2.5 mm，宽度差≤3 mm	5	每种尺寸超标一处扣 1 分，扣完为止			

续表

序号	考核内容	测评要点	配分	评分标准	检测结果	扣分	得分
2	焊缝外观	通球检验（通球直径为管内径的 85%）	5	通不过不得分			
		错边≤10% 且 δ≤2 mm	5	超标不得分			
		焊后角变形≤3°	5	超标不得分			
		外观成形美观，高低宽窄一致，起头、接头、收弧处无缺陷	5	焊缝不平整，焊纹不均扣 2 分；外观成形一般，焊缝不平直，局部高低宽窄不一致，扣 3 分；起、接、收弧处有缺陷扣 2 分，焊缝弯曲，高低宽窄明显不一致，有表面焊接缺陷，不得分			
3	焊缝内部质量	X 射线探伤按 NB/T47013，拍 2 张，允许其中一张为Ⅲ级合格，其余Ⅱ级为合格	40	Ⅰ级不扣分，Ⅱ级扣 7 分，Ⅲ级扣 15 分；2 张Ⅱ级片各扣 7 分，1 张Ⅱ级、1 张Ⅲ级扣 22 分，2 张Ⅲ级不得分			
4	其他	安全文明生产	10	劳保用品穿戴不全，扣 2 分；焊接过程中有违反操作规程的现象，根据情况扣 2~5 分；焊接完毕，场地清理不干净，工具码放不整齐，扣 3 分			
5	定额	操作时间 60 min		超过 5 min 停止工作			
	合计		100				

否定项：1. 焊缝表面存在裂纹、未熔合缺陷；
　　　　2. 焊接操作时任意更改试件焊接位置；
　　　　3. 焊缝原始表面破坏

评分人：＿＿＿＿＿＿　　　　核分人：＿＿＿＿＿＿

【题目 3—3】　ϕ60×5 不锈钢管水平固定手工钨极氩弧焊

1. 考核要求

（1）必须穿戴劳动保护用品。

（2）试件坡口形式：V 形。

（3）焊前将试件坡口及两侧 20 mm 范围内的铁锈、油污、氧化物等清理干净，使其露出金属光泽。

（4）间隙自定。

（5）定位焊在试件起焊位 90°处。

（6）单面焊双面成形。

（7）焊接位置为水平固定。

（8）定位装配后，将装配好的试件固定在操作架上，试件一经施焊不得改变焊接位置。

（9）焊接完毕后关闭焊接设备，将焊缝表面清理干净，并保持焊缝原始状态，不允许补焊、返修及修磨。将场地清理干净，工具摆放整齐。

（10）符合安全，文明生产。

2. 准备工作

（1）材料准备

序号	名称	规格	数量	备注
1	0Cr19Ni9	ϕ60 mm×5 mm×100 mm	2 件/人	坡口面角度30°±2°
2	焊丝 H0Cr21Ni10 电	ϕ2.5 mm		焊丝表面不得有油、污等
3	电极：铈钨极	ϕ2.5 mm		
4	保护气体：氩气	纯度 99.99%		

试件尺寸形状及组对（见图 2—12）。

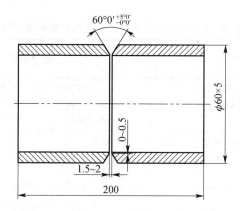

图 2—12　题目 3—3 试件尺寸形状及组对

（2）设备准备

序号	名称	规格	数量	备注
1	焊接设备：WS—300，直流正接	根据实际情况确定	1 台/工位	鉴定站准备

（3）工具、量具准备

序号	名称	规格	数量	备注
1	焊接检验尺	HJC—40	不少于 3 把	鉴定站准备
2	钢板尺	根据实际情况确定	不少于 3 把	鉴定站准备
3	放大镜	5 倍	不少于 3 把	鉴定站准备

序号	名称	规格	数量	备注
4	钢印		2套	鉴定站准备
5	电焊面罩	自定	1个	考生准备
6	电焊手套	自定	1副	考生准备
7	锉刀	自定	1把	考生准备
8	不锈钢丝刷	自定	1把	考生准备
9	角向磨光机	自定	1台	考生准备

3. 考核时限

（1）基本时间

准备时间 20 min，正式操作时间 40 min（不包括组对时间）。

（2）时间允差

操作超过额定时间 5 min（包括 5 min）以内扣总分 3 分，超时 5 min 停止工作。

4. 评分项目及标准

表 2—12　　　　　　$\phi60\times5$ 不锈钢管水平固定手工钨极氩弧焊评分

序号	考核内容	测评要点	配分	评分标准	检测结果	扣分	得分
1	焊接准备	劳保着装及工具准备齐全，参数设置、设备调试正确并符合要求	10	劳保着装不符合要求，工具每缺一项或不符合标准，各扣1分，扣完为止			
2	焊缝外观	焊缝表面不允许有裂纹、未熔合、夹渣、气孔、焊瘤、烧穿等缺陷	5	有任何一项缺陷不得分			
		焊缝咬边深度≤0.5 mm，两侧咬边总长度不超过焊缝有效长度的10%	5	1. 咬边深度≤0.5 mm （1）长度每5 mm扣1分 （2）累计长度超过焊缝有效长度的10%不得分 2. 咬边深度＞0.5 mm不得分			
		背面凹坑深度≤25%且 $\delta\leqslant$ 2 mm	5	1. 深度≤20%且 $\delta\leqslant2$ mm 时，每10 mm长度扣1分 2. 背面凹坑深度＞25%且 $\delta＞2$ mm 时不得分			
		焊缝余高 0～3 mm，余高差≤2 mm，焊缝宽度比坡口每侧增宽 0.5～2.5 mm，宽度差≤3 mm	5	每种尺寸超标一处扣1分，扣完为止			

续表

序号	考核内容	测评要点	配分	评分标准	检测结果	扣分	得分
2	焊缝外观	通球检验（通球直径为管内径的85%）	5	通不过不得分			
		错边≤10%且δ≤2 mm	5	超标不得分			
		焊后角变形≤3°	5	超标不得分			
		外观成形美观，高低宽窄一致，起头、接头、收弧处无缺陷	5	焊缝不平整，焊纹不均扣2分；外观成形一般，焊缝不平直，局部高低宽窄不一致，扣3分；起、接、收弧处有缺陷扣2分；焊缝弯曲，高低宽窄明显不一致，有表面焊接缺陷，不得分			
3	焊缝内部质量	X射线探伤按 NB/T47013 进行，拍2张，允许其中一张为Ⅲ级合格，其余Ⅱ级为合格	40	Ⅰ级不扣分，Ⅱ级扣7分，Ⅲ级扣15分；2张Ⅱ级片各扣7分，1张Ⅱ级、1张Ⅲ级扣22分，2张Ⅲ级不得分			
4	其他	安全文明生产	10	劳保用品穿戴不全，扣2分；焊接过程中有违反操作规程的现象，根据情况扣2~5分；焊接完毕，场地清理不干净，工具码放不整齐，扣3分			
5	定额	操作时间 60 min		超过 5 min 停止工作			
合计			100				

否定项：1. 焊缝表面存在裂纹、未熔合缺陷；

　　　　2. 焊接操作时任意更改试件焊接位置；

　　　　3. 焊缝原始表面破坏

评分人：_____　　　　　　核分人：_____

【题目 3—4】　φ60×5 的异种钢管垂直固定手工钨极氩弧焊

1. 考核要求

（1）必须穿戴劳动保护用品。

（2）试件坡口形式：V 形。

（3）焊前将试件坡口及两侧 20 mm 范围内的铁锈、油污、氧化物等清理干净，使其露出金属光泽。

（4）间隙自定。

（5）定位焊在试件起焊位 90°处。

（6）单面焊双面成形。

（7）焊接位置为垂直固定。

（8）定位装配后，将装配好的试件固定在操作架上，试件一经施焊不得改变焊接位置。

（9）焊接完毕后关闭焊接设备，将焊缝表面清理干净，并保持焊缝原始状态，不允许补焊、返修及修磨。将场地清理干净，工具摆放整齐。

（10）符合安全，文明生产。

2. 准备工作

（1）材料准备

序号	名称	规格	数量	备注
1	Q345（16Mn）＋20 钢	ϕ60 mm×5 mm×100 mm	2 件/人	坡口面角度30°±2°
2	焊丝 ER49—1	ϕ2.5 mm		焊丝表面不得有锈、油、污等
3	电极：铈钨极	ϕ2.5 mm		
4	保护气体：氩气	纯度 99.99%		

试件尺寸形状及组对（见图2—13）。

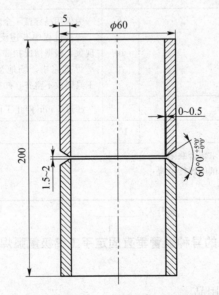

图2—13 题目3—4试件尺寸形状及组对

（2）设备准备

序号	名称	规格	数量	备注
1	焊接设备：WS—300，直流正接	根据实际情况确定	1 台/工位	鉴定站准备

（3）工具、量具准备

序号	名称	规格	数量	备注
1	焊接检验尺	HJC—40	不少于 3 把	鉴定站准备
2	钢板尺	根据实际情况确定	不少于 3 把	鉴定站准备
3	放大镜	5 倍	不少于 3 把	鉴定站准备
4	钢印		2 套	鉴定站准备
5	电焊面罩	自定	1 个	考生准备
6	电焊手套	自定	1 副	考生准备
7	锉刀	自定	1 把	考生准备
8	钢丝刷	自定	1 把	考生准备
9	角向磨光机	自定	1 台	考生准备

3. 考核时限

（1）基本时间

准备时间 20 min，正式操作时间 40 min（不包括组对时间）。

（2）时间允差

操作超过额定时间 5 min（包括 5 min）以内扣总分 3 分，超时 5 min 停止工作。

4. 评分项目及标准

表 2—13　　　　　　　$\phi60×5$ 的异种钢管垂直固定手工钨极氩弧焊评分

序号	考核内容	测评要点	配分	评分标准	检测结果	扣分	得分
1	焊接准备	劳保着装及工具准备齐全，参数设置、设备调试正确并符合要求	10	劳保着装不符合要求，工具每缺一项或不符合标准，各扣 1 分，扣完为止			
2	焊缝外观	焊缝表面不允许有裂纹、未熔合、夹渣、气孔、焊瘤、烧穿等缺陷	5	有任何一项缺陷不得分			
		焊缝咬边深度≤0.5 mm，两侧咬边总长度不超过焊缝有效长度的 10%	5	1. 咬边深度≤0.5 mm （1）长度每 5 mm 扣 1 分 （2）累计长度超过焊缝有效长度的 10% 不得分 2. 咬边深度>0.5 mm 不得分			
		背面凹坑深度≤25% 且 δ≤2 mm	5	1. 深度≤20% 且 δ≤2 mm 时，每 10 mm 长度扣 1 分 2. 背面凹坑深度>25% 且 δ>2 mm 时不得分			

序号	考核内容	测评要点	配分	评分标准	检测结果	扣分	得分
2	焊缝外观	焊缝余高 0～3 mm，余高差≤2 mm，焊缝宽度比坡口每侧增宽 0.5～2.5 mm，宽度差≤3 mm	5	每种尺寸超标一处扣 1 分，扣完为止			
		通球检验（通球直径为管内径的 85%）	5	通不过不得分			
		错边≤10% 且 δ≤2 mm	5	超标不得分			
		焊后角变形≤3°	5	超标不得分			
		外观成形美观，高低宽窄一致，起头、接头、收弧处无缺陷	5	焊缝不平整，焊纹不均扣 2 分；外观成形一般，焊缝不平直，局部高低宽窄不一致，扣 3 分；起、接、收弧处有缺陷扣 2 分，焊缝弯曲，高低宽窄明显不一致，有表面焊接缺陷，不得分			
3	焊缝内部质量	X 射线探伤按 NB/T47013 进行，拍 2 张，允许其中一张为Ⅲ级合格，其余Ⅱ级为合格	40	Ⅰ级不扣分，Ⅱ级扣 7 分，Ⅲ级扣 15 分；2 张Ⅱ级片各扣 7 分，1 张Ⅱ级、1 张Ⅲ级扣 22 分，2 张Ⅲ级不得分			
4	其他	安全文明生产	10	劳保用品穿戴不全，扣 2 分；焊接过程中有违反操作规程的现象，根据情况扣 2～5 分；焊接完毕，场地清理不干净，工具码放不整齐，扣 3 分			
5	定额	操作时间 60 min		超过 5 min 停止工作			
	合计		100				

否定项：1. 焊缝表面存在裂纹、未熔合缺陷；
　　　　2. 焊接操作时任意更改试件焊接位置；
　　　　3. 焊缝原始表面破坏

评分人：＿＿＿＿＿　　　　　　核分人：＿＿＿＿＿

【题目 3—5】　厚度 δ＝1 mm 的不锈钢薄板平焊等离子弧焊

1. 考核要求

（1）必须穿戴劳动保护用品。

（2）试件坡口形式：Ⅰ形。

（3）焊前将试件坡口及两侧 20 mm 范围内的油污、氧化物等清理干净，使其露出金属光泽。

（4）间隙自定。

（5）定位焊在试件背面两端 10 mm 范围内。

（6）单面焊双面成形。

（7）焊接位置为平焊。

（8）定位装配后，将装配好的试件固定在操作架上，试件一经施焊不得改变焊接位置。

（9）焊接完毕后关闭焊接设备，将焊缝表面清理干净，并保持焊缝原始状态，不允许补焊、返修及修磨。将场地清理干净，工具摆放整齐。

（10）符合安全，文明生产。

2. 准备工作

（1）材料准备

序号	名称	规格	数量	备注
1	不锈钢板 12Cr18Ni9	200 mm×100 mm×1 mm	2 件/人	I 形坡口
2	不锈钢焊丝 H06Cr19Ni10	ϕ1 mm		焊丝表面不得有油污、氧化物等
3	气体：氩气	瓶装		
4	电极：铈钨极	直径 1 mm		

试件形状尺寸及组对（见图 2—14）。

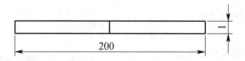

图 2—14　题目 3—5 试件形状尺寸及组对

（2）设备准备

序号	名称	规格	数量	备注
1	焊接设备：LH—30 型等离子弧焊机		1 台/工位	鉴定站准备

（3）工具、量具准备

序号	名称	规格	数量	备注
1	焊接检验尺	HJC—40	不少于 3 把	鉴定站准备
2	钢板尺	根据实际情况确定	不少于 3 把	鉴定站准备
3	放大镜	5 倍	不少于 3 把	鉴定站准备
4	钢印		2 套	鉴定站准备
5	电焊面罩	自定	1 个	考生准备
6	电焊手套	自定	1 副	考生准备
7	锉刀	自定	1 把	考生准备

续表

序号	名称	规格	数量	备注
8	不锈钢丝刷	自定	1把	考生准备
9	角向磨光机	自定	1台	考生准备

3. 考核时限

（1）基本时间

准备时间 15 min，正式操作时间 30 min（不包括组对时间）。

（2）时间允差

操作超过额定时间 3 min（包括 3 min）以内扣总分 3 分，超时 3 min 停止工作。

4. 评分项目及标准

表 2—14　　　　　　　　不锈钢薄板平焊等离子弧单面焊双面成形焊接评分

序号	考核内容	测评要点	配分	评分标准	检测结果	扣分	得分
1	焊接准备	劳保着装及工具准备齐全，参数设置、设备调试正确并符合要求	5	工具及劳保着装不符合要求，参数设置及工具每缺一项或不符合标准一项扣1分			
2	焊接操作	试件固定的空间位置符合要求	10	试件固定的空间位置超出规定范围不得分			
3	焊缝外观	两面焊缝表面不允许有焊瘤、气孔、烧穿等缺陷	10	有任何一项缺陷不得分			
		焊缝咬边深度≤0.5 mm，两侧咬边总长度不超过焊缝有效长度的15%	8	1. 咬边深度≤0.5 mm （1）累计长度每大5 mm扣1分 （2）累计长度超过焊缝有效长度的15%不得分 2. 咬边深度＞0.5 mm 不得分			
		未焊透深度≤15%且δ≤1.5 mm总长度不超过焊缝有效长度的10%	8	1. 未焊透深度≤15%且δ≤1.5 mm累计长度超过焊缝有效长度的10%不得分 2. 未焊透深度超标不得分			
		背面凹坑深度≤25%且δ≤1 mm	4	1. 背面凹坑深度≤25%且δ≤1 mm时背面凹坑长度每5 mm扣1分，扣满4分为止 2. 背面凹坑深度＞1 mm 时不得分			

序号	考核内容	测评要点	配分	评分标准	检测结果	扣分	得分
3	焊缝外观	1. 双面焊缝余高 0~1 mm 2. 焊缝宽度比坡口每侧增宽 0.5~2.5 mm 3. 焊缝宽度误差≤3 mm	10	每种尺寸差一处扣 2 分，扣满 10 分为止			
		错边 δ≤10%	5	超差不得分			
		焊后角角变形误差≤3°	5	超差不得分			
4	焊缝内部质量	X 射线探伤按 NB/T47013 进行	30	Ⅰ级片不扣分，Ⅱ级片扣 15 分，Ⅲ片不得分			
5	其他	安全文明生产	5	设备、工具复位，试件摆放整齐、场地清理干净，有一处不符合要求扣 1 分			
6	定额	操作时间 30 min		每超 1 min 从总分中扣 2 分			
	合计		100				

否定项：1. 焊缝表面存在裂纹、未熔合缺陷；

　　　　2. 焊接操作时任意更改试件焊接位置；

　　　　3. 焊缝原始表面被破坏；

　　　　4. 焊接时间超出定额的 50%

评分人：_____　　　　核分人：_____

第4章 气　焊

考 核 要 点

技能操作考核范围	考核要点	重要程度
铸铁的气焊	1. 选择气焊焊丝和熔剂	★★
	2. 能根据铸铁的材质选择火焰类别及能率	★★★
	3. 铸铁气焊的操作要领	★★★
	4. 铸铁气焊工艺	★★★
	5. 铸铁气焊质量控制	★
小径低合金钢管对接 45°固定气焊	1. 气焊焊丝和熔剂的选择	★★
	2. 小径低合金钢管的坡口准备	★★
	3. 小径低合金钢管的试件清理、组对及定位焊	★★
	4. 能根据材质选择火焰类别及能率	★★
	5. 小径低合金钢管气焊的操作要领	★★★
	6. 小径低合金钢管气焊的气焊工艺	★★★
	7. 小径低合金钢管气焊的质量控制	★

注："重要程度"中，"★"为级别最低，"★★★"为级别最高。

辅导练习题

【题目 4—1】　厚度 $\delta=20$ 铸铁平焊气焊焊补模拟焊接

1. 考核要求

（1）必须穿戴劳动保护用品。

（2）试件坡口形式：U 形。

（3）焊前将试件坡口及两侧 20 mm 范围内的油污、氧化物等清理干净，使其露出金属光泽。

（4）焊接位置为平焊。

（5）将试件固定在操作架上，试件一经施焊不得改变焊接位置。

（6）焊接完毕后关闭焊接设备，将焊缝表面清理干净，并保持焊缝原始状态，允许锤击焊缝表面，但不允许补焊、返修及修磨。将场地清理干净，工具摆放整齐。

（7）符合安全，文明生产。

2. 准备工作

（1）材料准备

序号	名称	规格	数量	备注
1	HT250 铸铁板	300 mm×200 mm×20 mm	1 件/人	U 形坡口
2	焊丝用 RZC—1 型	$\phi2.5$ mm		焊丝表面不得有油污、氧化物等
3	气焊熔剂 CJ201			

试件形状尺寸及组对（见图 2—15）

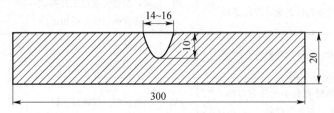

图 2—15　题目 4—1 试件形状尺寸及组对

（2）设备准备

序号	名称	规格	数量	备注
1	焊接设备及辅助工具：氧气瓶、乙炔瓶、氧气减压器、乙炔减压器、焊炬、氧气胶管、乙炔胶管及辅助工具等		1 套/工位	鉴定站准备

（3）工具、量具准备

序号	名称	规格	数量	备注
1	焊接检验尺	HJC—40	不少于 3 把	鉴定站准备
2	钢板尺	根据实际情况确定	不少于 3 把	鉴定站准备
3	放大镜	5 倍	不少于 3 把	鉴定站准备
4	钢印		2 套	鉴定站准备
5	錾子	自定	1 把	考生准备
6	防护手套	自定	1 副	考生准备
7	锉刀	自定	1 把	考生准备
8	钢丝刷	自定	1 把	考生准备
9	角向磨光机	自定	1 台	考生准备
10	护目镜	自定	1 副	考生准备
11	圆头手锤	自定	1 把	考生准备

3. 考核时限

（1）基本时间

准备时间 25 min，正式操作时间 50 min（不包括组对时间）。

（2）时间允差

操作超过额定时间 5 min（包括 5 min）以内扣总分 3 分，超时 5 min 停止工作。

4. 评分项目及标准

表 2—15 　　　　　　　　铸铁平焊气焊焊补模拟焊接评分

序号	考核内容	测评要点	配分	评分标准	检测结果	扣分	得分
1	焊接准备	劳保着装及工具准备齐全，参数设置、设备调试正确并符合要求	10	工具及劳保着装不符合要求，参数设置及工具每缺一项或不符合标准一项扣1分			
2	焊接操作	试件固定的空间位置符合要求	5	试件固定的空间位置超出规定范围不得分			
3	焊缝外观	两面焊缝表面不允许有焊瘤、气孔、夹渣、裂纹等缺陷	25	有任何一项缺陷不得分			
		焊缝咬边深度≤0.5 mm，两侧咬边总长度不超过焊缝有效长度的15% 表面成形过渡圆滑，接头不得有脱节、过高现象	30	1. 咬边深度≤0.5 mm （1）长度每5 mm扣1分 （2）累计长度超过焊缝有效长度的15%不得分 2. 咬边深度＞0.5 mm 不得分 3. 接头成形不良扣5～15分			
		1. 单面焊缝余高0～3 mm 2. 焊缝宽度比坡口每侧增宽0.5～2.5 mm 3. 焊缝宽度误差≤3 mm	30	每种尺寸差一处扣2分，扣满10分为止			
4	其他	安全文明生产	5	设备、工具复位，试件摆放整齐、场地清理干净，有一处不符合要求扣1分			
5	定额	操作时间 75 min		每超1 min从总分中扣2分			
	合计		100				

否定项：1. 焊缝表面存在裂纹、未熔合缺陷；

　　　　2. 焊接操作时任意更改试件焊接位置；

　　　　3. 焊缝原始表面破坏

【题目 4—2】　　$\phi 51 \times 3.5$ 的低合金钢管 45°固定气焊

1. 考核要求

（1）必须穿戴劳动保护用品。

（2）试件坡口形式：V 形。

（3）焊前将试件坡口及两侧 20 mm 范围内的铁锈、油污、氧化物等清理干净，使其露出金属光泽。

（4）间隙自定。

（5）定位焊在试件起焊位 90°处。

（6）单面焊双面成形。

（7）焊接位置为 45°固定。

（8）定位装配后，将装配好的试件固定在操作架上，试件一经施焊不得改变焊接位置。

（9）焊接完毕后关闭焊接设备，将焊缝表面清理干净，并保持焊缝原始状态，不允许补焊、返修及修磨。将场地清理干净，工具摆放整齐。

（10）符合安全，文明生产。

2. 准备工作

（1）材料准备

序号	名　称	规　格	数量	备　注
1	12CrMo	$\phi 51$ mm×3.5 mm×100 mm	2件/人	坡口面角度30°±2°
2	H08CrMo	$\phi 2$		

试件尺寸形状及组对（见图 2—16）。

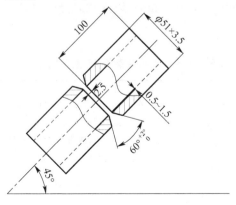

图 2—16　题目 4—2 试件尺寸形状及组对

（2）设备准备

序号	名称	规格	数量	备注
1	焊接设备及辅助工具：氧气瓶、乙炔瓶、氧气减压器、乙炔减压器、焊炬、氧气胶管、乙炔胶管及辅助工具等	根据实际情况确定	1套/工位	鉴定站准备

（3）工具、量具准备

序号	名称	规格	数量	备注
1	焊接检验尺	HJC—40	不少于3把	鉴定站准备
2	钢板尺	根据实际情况确定	不少于3把	鉴定站准备
3	放大镜	5倍	不少于3把	鉴定站准备
4	钢印		2套	鉴定站准备
5	錾子	自定	1把	考生准备
6	防护手套	自定	1副	考生准备
7	锉刀	自定	1把	考生准备
8	钢丝刷	自定	1把	考生准备
9	角向磨光机	自定	1台	考生准备
10	护目镜	自定	1副	考生准备

3. 考核时限

（1）基本时间

准备时间 20 min，正式操作时间 30 min（不包括组对时间）。

（2）时间允差

操作超过额定时间 3 min（包括 3 min）以内扣总分 3 分，超时 5 min 停止工作。

4. 评分项目及标准

表 2—16　　　　　　　ϕ51×3.5 的低合金钢管 45°固定气焊评分

序号	考核内容	测评要点	配分	评分标准	检测结果	扣分	得分
1	焊接准备	劳保着装及工具准备齐全，参数设置、设备调试正确并符合要求	10	劳保着装不符合要求，工具每缺一项或不符合标准，各扣1分，扣完为止			

续表

序号	考核内容	测评要点	配分	评分标准	检测结果	扣分	得分
2	焊缝外观	焊缝表面不允许有裂纹、未熔合、夹渣、气孔、焊瘤、烧穿等缺陷	5	有任何一项缺陷不得分			
		焊缝咬边深度≤0.5 mm，两侧咬边总长度不超过焊缝有效长度的10%	5	1. 咬边深度≤0.5 mm (1) 长度每 5 mm 扣 1 分 (2) 累计长度超过焊缝有效长度的 10% 不得分 2. 咬边深度＞0.5 mm 不得分			
		背面凹坑深度≤25%且δ≤2 mm	5	1. 深度≤20%且δ≤2 mm 时，每 10 mm 长度扣 1 分 2. 背面凹坑深度＞25%且δ＞2 mm 时不得分			
		焊缝余高 0～3 mm，余高差≤2 mm，焊缝宽度比坡口每侧增宽0.5～2.5 mm，宽度差≤3 mm	5	每种尺寸超标一处扣 1 分，扣完为止			
		通球检验（通球直径为管内径的85%)	5	通不过不得分			
		错边≤10%且δ≤2 mm	5	超标不得分			
		焊后角变形≤3°	5	超标不得分			
		外观成形美观，高低宽窄一致，起头、接头、收弧处无缺陷	5	焊缝不平整，焊纹不均扣 2 分； 外观成形一般，焊缝不平直，局部高低宽窄不一致，扣 3 分； 起、接、收弧处有缺陷扣 2 分，焊缝弯曲，高低宽窄明显不一致，有表面焊接缺陷，不得分			
3	焊缝内部质量	X 射线探伤按 NB/T47013 进行，拍 2 张，允许其中一张为Ⅲ级合格，其余Ⅱ级为合格	40	Ⅰ级不扣分，Ⅱ级扣 7 分，Ⅲ级扣 15 分， 2 张Ⅱ级片各扣 7 分，1 张Ⅱ级、1 张Ⅲ级扣 22 分，2 张Ⅲ级不得分			

续表

序号	考核内容	测评要点	配分	评分标准	检测结果	扣分	得分
4	其他	安全文明生产	10	劳保用品穿戴不全，扣2分； 焊接过程中有违反操作规程的现象，根据情况扣2~5分； 焊接完毕，场地清理不干净，工具码放不整齐，扣3分			
5	定额	操作时间60 min		超过5 min停止工作			
		合计	100				

否定项：1. 焊缝表面存在裂纹、未熔合缺陷；

2. 焊接操作时任意更改试件焊接位置；

3. 焊缝原始表面破坏

评分人：_____   核分人：_____

第3部分　模拟试卷

高级焊工理论知识考试模拟试卷

一、判断题（下列判断正确的请在括号中打"√"，错误的请在括号内打"×"）

1. 在立焊、仰焊和横焊时，熔滴重力阻碍熔滴顺利向熔池过渡。　　　　　（　　）

2. 焊接检验一般包括焊前检验、焊接过程中检验和成品检验。　　　　　　（　　）

3. 焊件坡口的油、锈、水分清理干净后，就不会产生气孔了。　　　　　　（　　）

4. 仰焊时，装配间隙过大、焊接电流过大、焊接速度太慢等均可引起焊瘤产生。（　　）

5. 冷弯实验时，当试件达到规定角度后，拉伸面上出现长度不超过 3 mm，宽度不超过1.5 mm 的裂纹为合格。　　　　　　　　　　　　　　　　　　　　　　（　　）

6. 异种钢之间性能虽然差别可能很大，但与同种钢相比，异种钢焊接却容易很多。
　　　　　　　　　　　　　　　　　　　　　　　　　　　　　　　　　（　　）

7. 由于焊条电弧焊适应性强，且焊条种类多，所以焊条电弧焊焊接异种钢较好。（　　）

8. 手弧焊、埋弧焊和气体保护焊等焊接方法都可以用来焊接钢与镍及其合金。（　　）

9. 在相同的焊接电流下，熔化极气体保护焊的熔深比焊条电弧焊的大。　　（　　）

10. 熔化极气体保护焊适用于焊接大多数金属和合金。　　　　　　　　　（　　）

11. 熔化极气体保护焊的焊接电源按外特性类型只能是平特性。　　　　　（　　）

12. 采用熔化极脉冲焊时，熔池形状是指形成指状熔深。　　　　　　　　（　　）

13. 熔化极脉冲氩弧焊可有效控制线能量，对于热敏感材料的焊接十分有利。（　　）

14. 手工钨极氩弧焊抗风能力强，对工件清理要求不高。　　　　　　　　（　　）

15. 手工钨极氩弧焊时，采用不同电源极性和不同直径钍钨极时许用电流不同。（　　）

16. 重要的高压厚壁管道大多采用手工钨极氩弧焊打底，焊条电弧焊盖面的焊接方法。
　　　　　　　　　　　　　　　　　　　　　　　　　　　　　　　　　（　　）

17. 利用等离子弧焊焊接时，焊接电流、离子气和焊接速度三个参数必须匹配。（　　）

18. 使用气焊焊接灰铸铁，因加热速度慢，故不会产生白口组织的。　　　（　　）

19. 气焊后锤击的目的是为使铸件消除变形。　　　　　　　　　　　　　（　　）

20. 气焊中当焊至管件上半部时若发现飞溅过大，则说明温度过高。（ ）

二、单项选择题（下列每题有4个选项，其中只有1个是正确的，请将其代号填写在横线空白处）

1. 焊条电弧焊熔滴过渡的形式有滴状过渡、_____和渣壁过渡三种。

    A. 短路过渡   B. 喷射过渡

    C. 旋转喷射过渡   D. 细颗粒短路过渡

2. _____不是产生未焊透的原因。

    A. 坡口钝边过大，间隙太小   B. 焊接电流过小，焊接速度过快

    C. 短弧焊接   D. 焊接时电弧磁偏吹

3. 熔焊时，焊道与母材之间或焊道与焊道之间，未完全熔化结合的部分称为_____。

    A. 未焊透   B. 未熔合   C. 夹渣   D. 焊瘤

4. 弯曲试验也叫冷弯试验，是测定焊接接头弯曲时的_____的一种试验方法，也是检验接头质量的一个方法。

    A. 强度   B. 冲击韧性   C. 塑性   D. 疲劳强度

5. 奥氏体不锈钢焊接的主要问题是_____和热裂纹。

    A. 晶间腐蚀   B. 冷裂纹   C. 塑性太差   D. 韧性太差

6. 奥氏体不锈钢焊条电弧焊时，焊接电流要比同直径的低碳钢焊条小_____。

    A. 5%～10%   B. 10%～20%

    C. 20%～30%   D. 30%～40%

7. 焊接碳含量较高，铬含量较低的马氏体不锈钢时，常见问题是热影响区脆化和_____。

    A. 晶间腐蚀   B. 冷裂纹   C. 热裂纹   D. 层状撕裂

8. 双相不锈钢的耐点蚀、缝隙腐蚀、应力腐蚀及腐蚀疲劳性能明显_____通常的Cr－Ni及Cr－Ni－Mo奥氏体型不锈钢。

    A. 不及   B. 优于   C. 低于   D. 差不多

9. 对于双相不锈钢，由于铁素体含量约达50%，因此存在高Cr铁素体钢所固有的_____。

    A. 软化倾向   B. 冷裂纹倾向

    C. 热裂纹倾向   D. 脆化倾向

10. 异种钢之间性能上的差别可能很大，与同种钢相比，异种钢焊接_____。

    A. 更容易   B. 更困难

    C. 难度一样   D. 难度差不多

11. 为了减少焊缝金属的稀释率，一般采用_____进行焊接。

    A. 较大的焊接电流，低速　　　　　　B. 较小的焊接电流，高速

    C. 较大的焊接电流，高速　　　　　　D. 较小的焊接电流，低速

12. 过渡层的厚度依照异种钢的淬硬倾向而定，对于易淬硬钢来说，过渡层的厚度则为_____mm。

    A. 3～5　　　　　B. 5～6　　　　　C. 7～8　　　　　D. 8～9

13. 珠光体钢与奥氏体不锈钢的焊接时，焊缝金属受到母材金属的稀释作用，往往会在焊接接头过热区产生脆性的_____组织。

    A. 铁素体　　　　　B. 珠光体　　　　　C. 奥氏体　　　　　D. 马氏体

14. 珠光体钢与普通奥氏体不锈钢（Cr/Ni>1）焊接时，为避免出现热裂纹，应使焊缝中含体积分数为_____的铁素体组织。

    A. 3%～5%　　　　　B. 3%～7%　　　　　C. 5%～10%　　　　　D. 10%～20%

15. 一般情况下，坡口角度越大，熔合比_____。

    A. 越高　　　　　B. 越小　　　　　C. 越大　　　　　D. 不变

16. 对于珠光体钢与奥氏体不锈钢的焊接，如焊后进行回火热处理，对接头性能是_____的。

    A. 有利　　　　　B. 有害　　　　　C. 没影响　　　　　D. 影响不大

17. 异种钢焊接，原则上希望熔合比_____越好。

    A. 越高　　　　　B. 不变　　　　　C. 越大　　　　　D. 越小

18. 选用氩弧焊焊接方法，焊接铝及铝合金的质量_____。

    A. 中等　　　　　B. 一般　　　　　C. 低　　　　　D. 高

19. 在相同的焊接电流下，熔化极气体保护焊的熔深比焊条电弧焊的_____。

    A. 大　　　　　B. 小　　　　　C. 中等　　　　　D. 无影响

20. 利用活性气体（如 $Ar+O_2$、$Ar+CO_2$、$Ar+CO_2+O_2$ 等）作为保护气体的熔化极气体保护电弧焊方法常用于_____的焊接。

    A. 有色金属　　　　　　　　　　B. 黑色金属材料

    C. 低熔点金属　　　　　　　　　D. 都可以

21. 板仰焊，当冷却速度较慢时，焊缝背面会出现_____。

    A. 凹陷　　　　　B. 焊瘤　　　　　C. 未焊透　　　　　D. 未熔合

22. 仰板组对的始焊端间隙应小于终焊端_____mm。

    A. 2　　　　　B. 1.5　　　　　C. 1　　　　　D. 0.5

23. 单面焊双面成形技术，是从焊件坡口的正面进行焊接，_____实现正面和背面焊

道同时形成致密均匀焊缝的操作工艺方法。

  A. 背面加垫板   B. 不需要采取任何辅助措施

  C. 背面加焊剂垫   D. 视焊工水平加与不加保护垫

24. 使用熔化极气体保护焊焊接试件时，组对应留反变形一般为_____。

  A. $1°\sim2°$ B. $2°\sim3°$ C. $3°\sim4°$ D. $4°\sim5°$

25. 熔化电极的氩弧焊叫熔化极氩弧焊，简称_____焊。

  A. MIG   B. TIG   C. MAG   D. CO_2

26. 使用富氩混合气体保护焊，当保护气体的流量大时易出现_____。

  A. 紊流   B. 气流的挺度差

  C. 喷嘴堵塞   D. 无影响

27. 熔化极脉冲氩弧焊比一般的熔化极氩弧相比_____。

  A. 参数调节范围增大   B. 参数调节范围减小

  C. 没有变化   D. 焊接变形大

28. 对于熔化极脉冲氩弧焊的各种过渡方式中_____工艺性最好。

  A. 一脉一滴   B. 一脉多滴   C. 多脉一滴   D. 多脉多滴

29. 利用熔化极脉冲氩弧焊在焊接填充层焊道时要求_____。

  A. 表面应距试板下表面小于1.5   B. 不能熔化坡口的棱边

  C. 要熔化坡口的棱边   D. 表面应距试板下表面大于2.0

30. 对于熔化极脉冲氩弧焊合格的试件表面要求其表面不得有_____缺陷。

  A. 气孔   B. 裂纹   C. 夹渣   D. 飞溅

31. 手工钨极氩弧焊采用直流正接小电流时，钨极尖部的形状应为_____。

  A. 半球形   B. 尖锥形   C. 钝头锥形   D. 平台形

32. 手工钨极氩弧焊焊接不锈钢时焊缝颜色为_____时保护效果最好。

  A. 金黄色   B. 灰色   C. 黑色   D. 蓝色

33. 钨极氩弧焊采用_____引弧时，钨极不必与工件接触，只要在钨极与工件间相距4~5 mm处启动，即可引燃电弧，如果钨极与工件短路引弧，钨极容易烧损。

  A. 声波振荡器   B. 脉冲引弧器

  C. 低频发射器   D. 高频振荡器

34. 母材强度级别较高的钢比强度级别较低的钢焊接后更易产生_____。

  A. 应力腐蚀裂纹   B. 冷裂纹

  C. 热裂纹   D. 结晶裂纹

35. 对于强度级别较高的低合金结构钢和大厚度的焊接结构，后热主要作用是_____。

A. 消氢　　　　　　B. 去应力　　　　　C. 改善组织　　　　D. 防止变形

36. 钢的碳当量 C_E 为_____时,其焊接性能优良。

A. ≥0.4%　　　　　B. ≤0.4%　　　　　C. >0.4%　　　　　D. <0.4%

37. 通过焊接接头拉伸试验,可以测定焊缝金属及焊接接头的_____、屈服点、延伸率和断面收缩率。

A. 弹性　　　　　　B. 韧性　　　　　　C. 抗拉强度　　　　D. 硬度

38. 弯曲试验的目的是用来测定焊缝金属或焊接接头的_____。

A. 韧性　　　　　　B. 致密性　　　　　C. 塑性　　　　　　D. 疲劳性

39. 在焊接珠光体耐热钢时,如果冷却速度较大,极易在热影响区,产生脆而硬的_____组织引起冷裂纹。

A. 珠光体　　　　　B. 马氏体　　　　　C. 魏氏体　　　　　D. 铁素体

40. 熔透型等离子弧焊,主要用于_____的单面焊双面成形及厚板的多层焊。

A. 薄板　　　　　　B. 中厚板　　　　　C. 超薄件　　　　　D. 厚板

41. 采用_____A以下的焊接电流进行熔透型的焊接称为微束等离子弧焊。

A. 300　　　　　　B. 100　　　　　　C. 50　　　　　　　D. 30

42. 等离子弧焊的特点之一是焊接速度明显提高,可达到手工钨极氩弧焊焊接速度的_____倍。

A. 1~2　　　　　　B. 2~3　　　　　　C. 4~5　　　　　　D. 5~8

43. 在等离子弧焊的焊接回路中加入了_____引燃装置,便于可靠引弧。

A. 声波振荡器　　　B. 脉冲引弧器　　　C. 低频发射器　　　D. 高频振荡器

44. 钨极内缩长度由钨极的安装位置确定,对等离子弧的压缩和稳定性有很大的影响,增大内缩长度电弧压缩程度会大大_____。

A. 减小　　　　　　B. 降低　　　　　　C. 缩短　　　　　　D. 提高

45. 等离子弧焊焊接不锈钢、合金钢、钛合金、镍合金等时采用_____。

A. 直流正接　　　　　　　　　　　　　B. 直流反接

C. 交流电源　　　　　　　　　　　　　D. 直流正接、直流反接均可

46. 奥氏体不锈钢焊接时比较容易产生热裂纹,特别是_____的奥氏体不锈钢更容易产生。

A. 含镍量较低　　　　　　　　　　　　B. 含镍量较高

C. 含铬量较高　　　　　　　　　　　　D. 含碳量较低

47. 焊接奥氏体不锈钢时,使焊缝形成_____双相组织可以防止热裂纹产生。

A. 珠光体和铁素体　　　　　　　　　　B. 奥氏体和铁素体

C. 奥氏体和马氏体   D. 马氏体和铁素体

48. 灰铸铁中的碳主要以_____形态存在。

     A. 渗碳体   B. 石墨   C. 渗碳体和石墨   D. 珠光体

49. 采用气焊焊接刚性较小的薄壁铸件，焊接时_____。

     A. 必须预热   B. 可以不预热

     C. 不能预热   D. 应刚性固定

50. _____是铸铁焊丝的型号。

     A. H08   B. H10MnSi   C. RZC—1   D. H0Cr19Ni9

51. 气焊时根据铸铁的材质选择火焰类别，一般选用_____。

     A. 中性焰或弱碳化焰   B. 碳化焰

     C. 氧化焰   D. 弱氧化焰

52. 气焊火焰能率主要依据_____确定，应使加热速度快，接头冷却速度慢，同时有利于消除焊缝中的气孔和夹杂，有利于消除白口组织。

     A. 焊接位置   B. 铸件厚度   C. 焊丝直径   D. 坡口形式

53. 以下描述符合加热减应区法应用的特点的是_____。

     A. 适合长焊缝的焊补   B. 加热区一般在裂纹的两侧

     C. 顺裂纹方   D. 垂直于裂纹方向

54. 焊补时一般将裂纹处修磨成_____。

     A. I 形坡口   B. V 形坡口   C. U 形坡口   D. X 形坡口

55. 当火焰能率过大、焊丝和焊炬角度不正确、焊丝填充不及时时易产生_____缺陷。

     A. 气孔   B. 咬边   C. 裂纹   D. 白口

56. 焊接 12CrMo 应选用_____焊丝。

     A. H08Cr2MoVNb   B. H08CrMoV

     C. H08CrMo   D. 以上均可

57. 珠光体耐热钢管气焊时宜采用_____。

     A. 左焊法   B. 右焊法

     C. 打底用左焊法、盖面用右焊法   D. 左右焊法均可

58. 采用气焊管子盖面焊时，焊丝在前行过程中与焊炬是_____。

     A. 同步摆动   B. 交叉摆动

     C. 前半圈同步，后半圈交叉   D. 无要求

59. 为使表面成形美观，盖面焊时火焰能率应_____。

     A. 大些   B. 小些   C. 前半圈大   D. 后半圈小

60. _____是低合金气焊接头力学性能试验的主要问题。

    A. 接头断口检验　B. 气孔　　　　　C. 裂纹　　　　　　D. 咬边

三、多项选择题（下列每题中的多个选项中，至少有 2 个是正确的，请将正确答案的代号填在横线空白处）

1. 焊条电弧焊时，细滴过渡一般采用较大的焊接电流焊接，其特点有_____。

    A. 熔滴尺寸小　　B. 过渡频率高　　C. 飞溅减小　　　D. 电弧稳定

    E. 焊缝成形好　　F. 焊缝成形差

2. 焊接过程中的检验是检验的第二阶段，检验内容有_____等。

    A. 焊接参数　　　　　　　　　B. 焊接材料的型号

    C. 焊接设备运行情况　　　　　D. 焊接夹具

    E. 焊接缺陷　　　　　　　　　F. 焊工操作水平

3. 焊缝外形尺寸检验项目包括：_____等。

    A. 焊缝余高　　　　　　　　　B. 焊缝宽度

    C. 焊缝边缘直线度　　　　　　D. 角变形

    E. 错边量　　　　　　　　　　F. 焊件厚度

4. 产生夹渣的原因可能有_____等。

    A. 焊接电流过小　　　　　　　B. 运条手法不当

    C. 焊缝层间清渣不彻底　　　　D. 坡口角度过小

    E. 焊接电流过大　　　　　　　F. 焊接速度过慢

5. 珠光体钢与奥氏体不锈钢焊接时，为保证质量必须考虑下列问题：_____。

    A. 焊缝金属的稀释　　　　　　B. 过渡区形成硬化

    C. 脱碳层　　　　　　　　　　D. 增碳层

    E. 接头残余应力　　　　　　　F. 焊接层次

6. 熔化极气体保护焊与埋弧焊相比_____。

    A. 易实现窄间隙焊　　　　　　B. 节省填充金属

    C. 室外作业保护好　　　　　　D. 适合全位置焊

7. 熔化极气体保护焊的焊接电源按外特性类型可分为_____。

    A. 平特性　　　　B. 陡降特性　　　C. 缓降特性　　　D. 上升

8. 根据送丝方式的不同，送丝系统可分为_____。

    A. 其他选项都不对　　　　　　B. 推丝式

    C. 拉丝式　　　　　　　　　　D. 推拉式

9. 熔化极气体保护焊产生气孔的主要原因有_____。

A. 工件未清理干净　　　　　　　　B. 喷嘴与工件距离大

C. 电弧电压高　　　　　　　　　　D. 保护气体覆盖不足

10. 不锈钢是_____的总称。

A. 不锈钢　　　　　　　　　　　　B. 耐酸钢

C. 耐热钢　　　　　　　　　　　　D. 不锈和碳钢复合钢

11. 熔化极氩弧焊焊接不锈钢一般采用_____气体保护。

A. Ar　　　　　　　　　　　　　　B. CO_2

C. Ar＋（1%～2%）CO_2　　　　D. Ar＋5%CO_2＋2%O

12. 钨极直径的应根据_____等因素来选择。

A. 工件厚度　　　　　　　　　　　B. 母材材质

C. 焊接位置　　　　　　　　　　　D. 电源极性

E. 焊接质量　　　　　　　　　　　F. 焊件结构类型

13. 影响氩弧焊保护效果的因素有：_____等。

A. 氩气纯度与流量　　　　　　　　B. 母材材质

C. 喷嘴至工件距离　　　　　　　　D. 电源极性

E. 工件厚度　　　　　　　　　　　F. 喷嘴直径

14. 预热的目的和作用是_____等。

A. 防止冷裂纹　　　　　　　　　　B. 降低冷却速度

C. 减小焊接应力　　　　　　　　　D. 改善接头的组织与性能

E. 减小焊接变形　　　　　　　　　F. 促进氢扩散逸出

15. 焊接性既与材料本身的性质有关，又与_____等因素有关。

A. 结构形式　　　　　　　　　　　B. 焊接方法

C. 工艺措施　　　　　　　　　　　D. 工件使用条件

E. 焊工劳动保护　　　　　　　　　F. 焊工技术水平

16. 等离子弧与自由电弧相比具有下列特点_____。

A. 温度高　　　　　　　　　　　　B. 电弧挺度好

C. 机械冲刷力很强　　　　　　　　D. 能量密度大

E. 扩散角大　　　　　　　　　　　F. 气体高度电离

17. 气焊球墨铸铁一般要使用球铁焊丝，是因为球铁焊丝具有_____。

A. 很强的球化能力　　　　　　　　B. 石墨化能力

C. 较高的强度　　　　　　　　　　D. 较好的塑性

18. 常见铸铁焊接缺陷包括_____。

A. 焊接变形　　　　　　　　　　B. 焊缝成形差

C. 外形尺寸不符合要求　　　　　D. 气孔

E. 裂纹、未熔合、未焊透、咬边

19. 气焊珠光体耐热钢焊接的操作要点包括_____。

A. 据母材的力学性能选焊丝牌号　　B. 焊前预热至 250～300℃

C. 尽量采用左向焊法　　　　　　　D. 中性焰焊接

20. 气焊管子打底焊时为保证焊接质量，焊接操作应注意_____。

A. 采用快速连续焊

B. 后半圈焊接时应重新加热已焊起始接头使之重新熔化

C. 采用快速断续焊

D. 收尾时火焰应缓慢离开熔池，以免出现气孔等缺陷

高级焊工理论知识考试模拟试卷参考答案及说明

一、判断题

1. √　2. √

3. ×。影响产生气孔的因素很多，除油、锈、水分未清理干净外，还有焊接材料、焊接参数等。

4. √　5. √

6. ×。异种钢之间性能上的差别可能很大，与同种钢相比，异种钢焊接的困难很多。

7. √

8. √。焊接特点决定的。

9. √。因热量集中。

10. √。应保护好，热量集中。

11. ×。可以是平、缓降、陡降特性。

12. ×。采用熔化极脉冲焊时，熔池形状是圆弧状熔深。

13. √。对于热敏感材料在焊接时能保证质量。

14. ×。手工钨极氩弧焊抗风能力弱，对工件清理要求高，否则易产生气孔。

15. √　16. √　17. √

18. ×。当冷却速度快，工件厚大，焊丝不匹配时会产生白口。

19. ×。锤击的目的是使表面延展减小应力。

20. √。前部分焊接正常，到上部分飞溅大适应为温度高。

二、单项选择题

1. A

2. C。短弧焊接也不是产生未焊透的原因。

3. B。熔焊时，焊道与母材之间或焊道与焊道之间，未完全熔化结合的部分称为未熔合。

4. C。弯曲试验，是测定焊接接头弯曲时塑性的一种试验方法，也是检验接头质量的一个方法。

5. A。奥氏体不锈钢焊接的主要问题是晶间腐蚀和热裂纹。

6. B。奥氏体不锈钢焊条电弧焊时，焊接电流要比同直径的低碳钢焊条小 $10\%\sim20\%$。

7. B。焊接碳含量较高，铬含量较低的马氏体不锈钢时，常见问题是热影响区脆化和冷裂纹。

8. B。双相不锈钢的耐点蚀、缝隙腐蚀、应力腐蚀及腐蚀疲劳性能明显优于通常的 $Cr-Ni$ 及 $Cr-Ni-Mo$ 奥氏体型不锈钢。

9. D。对于双相不锈钢，由于铁素体含量约达 50%，因此存在高 Cr 铁素体钢所固有的脆化倾向。

10. B。异种钢之间性能上的差别可能很大，与同种钢相比，异种钢焊接困难很多。

11. B。为了减少焊缝金属的稀释率，一般采用小电流和高焊接速度进行焊接。

12. D。过渡层的厚度依照异种钢的淬硬倾向而定，对于易淬硬钢来说，则为 $8\sim9$ mm。

13. D。珠光体钢与奥氏体不锈钢的焊接时，焊缝金属受到母材金属的稀释作用，往往会在焊接接头过热区产生脆性的马氏体组织。

14. B。珠光体钢与普通奥氏体不锈钢（$Cr/Ni>1$）焊接时，为避免出现热裂纹，应使焊缝中含体积分数为 $3\%\sim7\%$ 的铁素体组织。

15. B。一般情况下，坡口角度越大，熔合比越小。

16. B。对于珠光体钢与奥氏体不锈钢的焊接，如焊后进行回火热处理，对接头性能是有害的。

17. D。异种钢焊接，原则上希望熔合比越小越好。

18. D。保护好。

19. A。因热量集中。

20. B。因保护气氛有氧化性且温度高。

21. A。因受重力作用，液态金属下坠使背面凹陷。

22. D。随焊接进行间隙变小。

23. B。单面焊双面成形的定义。

24. B　25. A

26. A。气流大产生的现象。

27. A。此为熔化极脉冲焊的特点，即能焊薄板，又能焊厚板。

28. A。一脉一滴一般是射滴过渡，熔滴大小均匀，工艺性好。

29. B。对填充层的要求。

30. B

31. B。手工钨极氩弧焊采用直流正接小电流时，钨极尖部的形状应为尖锥形。

32. A。手工钨极氩弧焊焊接不锈钢时焊缝颜色为金黄色保护效果最好。

33. D。钨极氩弧焊采用高频振荡器引弧时，钨极不必与工件接触，只要在钨极与工件间相距 4～5 mm 处启动，即可引燃电弧。

34. B。母材强度级别较高的钢比强度级别较低的钢焊接后更易产生冷裂纹 。

35. A。对于强度级别较高的低合金结构钢和大厚度的焊接结构，后热主要作用是消氢。

36. D。钢的碳当量 $C_E < 0.4\%$ 时，其焊接性能优良。

37. C。通过焊接接头拉伸试验，可以测定焊缝金属及焊接接头的抗拉强度、屈服点、延伸率和断面收缩率。

38. C。弯曲试验的目的是用来测定焊缝金属或焊接接头的塑性。

39. B。在焊接珠光体耐热钢时，如果冷却速度较大，极易在热影响区产生脆而硬的马氏体组织，引起冷裂纹。

40. A。熔透型等离子弧焊，主要用于薄板的单面焊双面成形及厚板的多层焊。

41. D。采用 30 A 以下的焊接电流进行熔透型的焊接称为微束等离子弧焊。

42. C。等离子弧焊的特点之一是焊接速度明显提高，可达到手工钨极氩弧焊焊接速度的 4～5 倍。

43. D。在等离子弧焊的焊接回路中加入了高频振荡器引燃装置，便于可靠引弧。

44. D。钨极内缩长度由钨极的安装位置确定，对等离子弧的压缩和稳定性有很大的影响，增大内缩长度电弧压缩程度会大大提高。

45. A。等离子弧焊焊接不锈钢、合金钢、钛合金、镍合金等时采用直流正接。

46. B。奥氏体不锈钢焊接时比较容易产生热裂纹，特别是含镍量较高的奥氏体不锈钢更容易产生。

47. B。焊接奥氏体不锈钢时，使焊缝形成奥氏体和铁素体双相组织可以防止热裂纹产生。

48. B。灰铸铁定义碳以石墨形式存在。

49. B。气焊小薄工件时可以不予热。

50. C。其他三种均不是铸铁焊丝的表示方法。

51. A。气焊时根据铸铁的材质选择火焰类别一般使用中性焰或弱碳化焰。

52. B。气焊时应根据铸件厚度选择火焰能率，使加热速度快，接头冷却速度慢，同时有利于消除焊缝中的气孔和夹杂，有利于消除白口组织。

53. C。加热减应区法应用特点。

54. C。因U形过渡圆滑，应力小。

55. B。此为产生咬边的因素。

56. C。依据成分相同或近似原则。

57. B。用右焊法保护好。

58. B。不应同步应交叉。

59. C

60. A。力学性能只包括该项目。

三、多项选择题

1. ABCDE。细滴过渡熔滴尺寸逐渐变小，过渡频率增高，飞溅减小，电弧稳定，焊缝成型好。

2. ACDE。焊接过程中焊接参数是否正确，焊接设备运行是否正常，焊接夹具夹紧是否牢固，在操作过程中可能出现的焊接缺陷等。

3. ABCDE。焊缝外形尺寸包括：焊缝余高、焊缝宽度、焊缝边缘直线度、角变形及错边量等。

4. ABCD。产生夹渣的原因：坡口角度或焊接电流过小；操作不当，引弧、接头方法和运条手法不当；单面焊双面成形的每一层焊缝清渣不彻底等。

5. ABCDE。珠光体钢与奥氏体不锈钢焊接时，为保证质量必须考虑下列问题：焊缝金属的稀释、过渡区形成硬化、脱碳层、增碳层、接头残余应力。

6. ABD。因气体保护，故室外作业保护不如熔渣保护好。

7. ABC。不能是上升的。

8. BCD

9. ABCD。形成气孔的原因。

10. ABC。此为不锈钢的定义。

11. 11CD。采用富氩保护效果好。

12. ABCD。钨极直径主要根据材质、厚度、坡口形式、焊接位置、焊接电流、电源极性进行选择。

13. ABCF。影响氩弧焊保护效果的因素有：氩气纯度与流量、喷嘴至工件距离、喷嘴直径、焊接速度与外界气流、焊接接头形式、被焊金属材料等。

14.ABCDF。预热的目的和作用是降低冷却速度、减小焊接应力、促进氢扩散逸出、防止冷裂纹、改善接头的组织与性能等。

15.ABCD。焊接性除与材料本身的性质有关外，还与结构形式、焊接方法、工艺措施、使用条件等有关。

16.ABCDF。等离子弧与自由电弧相比具有下列特点：气体高度电离、温度高、电弧挺度好、机械冲刷力很强等。

17.AB。球铁焊丝具有很强的球化能力和石墨化能力。

18.ABCDE。此为各种铸铁缺陷。

19.BD。此为珠光体耐热钢焊接要点依据等成分原则，右焊法保护效果好。

20.ABD。此为操作要领。

高级焊工操作技能考核模拟试卷

焊工高级操作技能考核准备通知单（考场）

【试题1】

（1）材料准备

序号	名称	规格	数量	备注
1	0Cr19Ni9	ϕ60 mm×5 mm×100 mm	2件/人	坡口面角度30°±2°
2	焊丝 H0Cr19Ni10	ϕ2.5 mm		焊丝表面不得有油、污等
3	电极：铈钨极	ϕ2.5 mm		
4	保护气体：氩气	纯度99.99%		

（2）设备准备

序号	名称	规格	数量	备注
1	焊接设备：WS－300，直流正接	根据实际情况确定	1台/工位	鉴定站准备

（3）工具、量具准备

序号	名称	规格	数量	备注
1	焊接检验尺	HJC－40	不少于3把	鉴定站准备
2	钢板尺	根据实际情况确定	不少于3把	鉴定站准备
3	放大镜	5倍	不少于3把	鉴定站准备
4	钢印		2套	鉴定站准备
5	焊工面罩及黑玻璃			鉴定站准备
6	焊接电缆及电焊钳			鉴定站准备
7	电流调试板			鉴定站准备

（4）场地准备

	项目	名称	规格	数量
1	场地要求	操作间		1 间
		操作架		1 套
2	加工工具准备	操作台		1 台
		台虎钳	10″	1 台
		钢丝钳	8″	1 把
		不锈钢钢丝刷		1 把
		锉刀	12″	1 把
		活动扳手	12″	1 把
		台式砂轮或角向磨光机		1 台

【试题2】

（1）材料准备

序号	名称	规格	数量	备注
1	Q235	300 mm×150 mm×12 mm	2件/人	坡口面角度32°±2°
2	E4303焊条	ϕ3.2 mm、ϕ4 mm	各10根/人	焊条可在100～150℃烘干，保温1～1.5 h

（2）设备准备

序号	名称	规格	数量	备注
1	交流或直流焊机	根据实际情况确定	1台/工位	鉴定站准备
2	焊条烘干箱	根据实际情况确定	2台/鉴定站	鉴定站准备
3	焊条保温筒	根据实际情况确定	1个/工位	鉴定站准备

（3）工具、量具准备

序号	名称	规格	数量	备注
1	焊接检验尺	HJC—40	不少于3把	鉴定站准备
2	钢板尺	根据实际情况确定	不少于3把	鉴定站准备
3	放大镜	5倍	不少于3把	鉴定站准备
4	钢印		2套	鉴定站准备
5	焊工面罩及黑玻璃			鉴定站准备
6	焊接电缆及电焊钳			鉴定站准备
7	电流调试板			鉴定站准备

（4）场地准备

序号	项目	名称	规格	数量
1	场地要求	操作工位或操作架		1工位1套
2	加工工具准备	操作台	10″	1台
		台虎钳	8″	1台
		钢丝刷		1把
		锉刀	12″	1把
		活动扳手	12″	1把
		角向磨光机		1台
3	焊接工具准备	焊工面罩		1套
		手锤		1套
		錾子（扁铲、尖铲等）		1把

焊工高级操作技能考核准备通知单（考生）

【试题1】 工具及防护用品

序号	项目	数量	备注
1	电焊面罩	1个	考生准备
2	电焊手套	1副	考生准备
3	锉刀	1把	考生准备
4	不锈钢钢丝刷	1把	考生准备
5	角向磨光机	1台	考生准备
6	工作服		
7	工作帽		
8	平光眼镜		
9	焊工绝缘鞋		

【试题2】 工具及防护用品

序号	项目	数量	备注
1	电焊面罩	1个	考生准备
2	电焊手套	1副	考生准备
3	锉刀	1把	考生准备
4	不锈钢钢丝刷	1把	考生准备
5	角向磨光机	1台	考生准备
6	工作服		
7	工作帽		
8	平光眼镜		
9	焊工绝缘鞋		
10	锉刀	1把	考生准备
11	敲渣锤	1把	考生准备
12	錾子	1把	考生准备

焊工高级操作技能考核试卷

注 意 事 项

一、本试卷依据 2009 年颁布的《焊工·国家职业技能标准》命制。

二、请根据试题考核要求，完成考试内容。

三、请服从考评人员指挥，保证考核安全顺利进行。

【试题 1】 $\phi 60 \times 5$ 不锈钢管水平固定手工钨极氩弧焊

（1）本题分值

本题分值为 100 分。

（2）考核时间

1）基本时间：准备时间 20 min，正式操作时间 40 min（不包括组对时间）。

2）时间允差：操作超过额定时间 5 min（包括 5 min）以内扣总分 3 分，超时 5 min 停止工作。

（3）考核形式

实际操作。

（4）具体考核要求

1）内容

①焊接方法：手工钨极氩弧焊。

②母材钢号：0Cr19Ni9。

③焊件尺寸：$\phi 60$ mm×5 mm×100 mm。

④焊接位置：水平固定。

⑤焊件坡口形式：V 形坡口，坡口面角度 30°±2°。

⑥焊接材料：焊丝 H0Cr19Ni10，$\phi 2.5$ mm。

2）操作要求

①单面焊双面成形。

②钝边高度与间隙自定。

③焊前焊件坡口两侧 10～20 mm 清油除锈，试件 12 点处点固 1 点，长度不大于 20 mm。

④定位装配后，将装配好的试件固定在操作架上。

⑤试件一经施焊不得任意更换和改变焊接位置。

⑥焊接工艺参数选择正确，焊后焊件保持原始状态。

⑦焊接过程中劳保用品穿戴整齐；焊接完毕后，关闭焊接设备，工具摆放整齐，场地清理干净。

（5）否定项

若考生出现下列情况，则应及时终止其考试，考生该试题成绩记为零分。

①工具准备不齐，无法完成考试。

②超过规定时间 5 min。

③焊缝表面没有焊接成形或不是原始状态，有加工、补焊、返修等现象或有裂纹、气孔、夹渣、未熔合、未焊透等任何缺陷存在。

④更换和改变焊接位置。

⑤焊缝外观质量得分低于 24 分，或 RT 检验为Ⅲ级，或总分低于 60 分。

（6）试件尺寸及组对

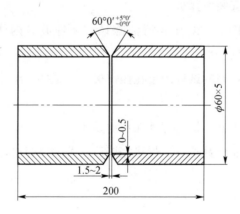

【试题 2】 厚度 δ＝12 mm 的低碳钢板仰焊对接接头焊条电弧焊

（1）本题分值

本题分值为 100 分。

（2）考核时间

准备时间 25 min，正式操作时间 45 min（不包括组对时间）。

（3）时间允差

操作超过额定时间 5 min（包括 5 min）以内扣总分 3 分，超时 5 min 停止工作。

（4）考核形式

实际操作。

（5）具体考核要求

1）内容

①焊接方法：焊条电弧焊焊。

②母材钢号：Q235。

③焊件尺寸：300 mm×250 mm×12 mm

④焊接位置：平焊。

⑤焊件坡口形式：V 形坡口，坡口面角度 32°±2°。

⑥焊接材料：焊条 E4303，ϕ3.2～ϕ4 mm。

2）操作要求

①单面焊双面成形。

②钝边厚度与间隙自定。

③试件坡口两端不得安装引弧板。

④焊前焊件坡口两侧 10～20 mm 清油除锈，试件坡口内两端定位焊，长度不大于 20 mm，定位焊时允许做反变形。

⑤定位装配后，将装配好的试件固定在操作架上，试件一经施焊不得任意更换和改变焊接位置。

⑥焊接工艺参数选择正确，焊后焊件保持原始状态。

⑦焊接过程中劳保用品穿戴整齐。焊接完毕后，关闭电焊机，工具摆放整齐，场地清理干净。

（6）否定项

若考生出现下列情况，则应及时终止其考试，考生该试题成绩记为零分。

1）工具准备不齐，无法完成考试。

2）超过规定时间 5 min。

3）焊缝表面没有焊接成型或不是原始状态，有加工、补焊、返修等现象或有裂纹、夹渣、未焊透、未熔合等任何缺陷存在。

4）更换和改变焊接位置。

5）焊缝外观质量得分低于 24 分，或 RT 检验为Ⅲ级，或总分低于 60 分。

（7）试件尺寸及组对

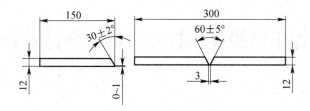

焊工高级操作技能考核评分记录表

准考证号：_____　　　　姓名：_____　　　　工作单位：_____

高级技能考试成绩总分表

项目	试题1	试题2	总分	总分人
得分				

一、试件的检验及评分

1. 试件必须是原始状态，不允许有任何形式的加工、修磨及补焊，否则该试件无效。

2. 试件的检验及评定应按照试件质量评分表的次序进行。

3. 评分表中各项只要出现任何一项不合格，则可认定该试件为不合格，即终止对该试件检验，对不合格的试件不予评分。

4. 试件的外观检查，必须由 3 名以上考评人员进行并将缺陷状况及实测尺寸数据填入各相应表格中。

5. 外观检测方法，可借助 5～10 倍的放大镜、焊接检验尺、钢板尺等检测工具来测量焊缝外形尺寸及缺陷尺寸。

6. 在外观检查项目计算扣分时，应取整数，对计算出的小数处理方法：四舍五入。五的进舍原则是看小数点前面的个位数字，如果奇数则进一，如果是零或偶数则舍去。

7. 所有检验结果均为一次性检验结果。

二、考试成绩

1. 单个试件满分为 100 分，单个试件各检测项目均在合格范围内，则该试件评为合格试件。其得分为 100 减去所有各项总扣分之差。

2. 每位考生考试项目为两项，每项均合格才认定该考生实际操作技能合格，其得分为两项分数的算术平均值（取一位小数）。

3. 两项均为不合格，或只有一项合格考均判为该考生实际操作技能不合格，对不合格者不予得分。

4. 考生成绩填入"焊工技能考试成绩总分表"。

【试题 1】　$\phi60\times5$ 不锈钢管水平固定手工钨极氩弧焊评分表

序号	考核内容	测评要点	配分	评分标准	检测结果	扣分	得分
1	焊接准备	劳保着装及工具准备齐全，参数设置、设备调试正确并符合要求	10	劳保着装不符合要求，工具每缺一项或不符合标准，各扣 1 分，扣完为止			
2	焊缝外观	焊缝表面不允许有裂纹、未熔合、夹渣、气孔、焊瘤、烧穿等缺陷	5	有任何一项缺陷不得分			
		焊缝咬边深度≤0.5 mm，两侧咬边总长度不超过焊缝有效长度的 10%	5	1. 咬边深度≤0.5 mm（1）长度每 5 mm 扣 1 分（2）累计长度超过焊缝有效长度的 10% 不得分 2. 咬边深度>0.5 mm 不得分			
		背面凹坑深度≤25% 且 δ≤2 mm	5	1. 深度≤20% 且 δ≤2 mm 时，每 10 mm 长度扣 1 分 2. 背面凹坑深度>25% 且 δ>2 mm 时不得分			
		焊缝余高 0~3 mm，余高差≤2 mm，焊缝宽度比坡口每侧增宽 0.5~2.5 mm，宽度差≤3 mm	5	每种尺寸超标一处扣 1 分，扣完为止			
		通球检验（通球直径为管内径的 85%）	5	通不过不得分			
		错边≤10% 且 δ≤2 mm	5	超标不得分			
		焊后角变形≤3°	5	超标不得分			
		外观成形美观，高低宽窄一致，起头、接头、收弧处无缺陷	5	焊缝不平整，焊纹不均扣 2 分；外观成形一般，焊缝不平直，局部高低宽窄不一致，扣 3 分；起、接、收弧处有缺陷扣 2 分；焊缝弯曲，高低宽窄明显不一致，有表面焊接缺陷，不得分			
3	焊缝内部质量	X 射线探伤按 NB/T47013 进行，拍 2 张，允许其中一张为Ⅲ级合格，其余Ⅱ级为合格	40	Ⅰ级不扣分，Ⅱ级扣 7 分，Ⅲ级扣 15 分；2 张Ⅱ级片各扣 7 分，1 张Ⅱ级、1 张Ⅲ级扣 22 分，2 张Ⅲ级不得分			

续表

序号	考核内容	测评要点	配分	评分标准	检测结果	扣分	得分
4	其他	安全文明生产	10	劳保用品穿戴不全，扣2分； 焊接过程中有违反操作规程的现象，根据情况扣2~5分； 焊接完毕，场地清理不干净，工具码放不整齐，扣3分			
5	定额	操作时间60 min		超过5 min停止工作			
		合计	100				

否定项：1. 焊缝表面存在裂纹、未熔合缺陷；

2. 焊接操作时任意更改试件焊接位置；

3. 焊缝原始表面破坏

评分人：_____　　　　　　　核分人：_____

【试题 2】　厚度 $\delta＝12$ mm 的低碳钢板仰焊对接接头焊条电弧焊评分表

序号	考核内容	测评要点	配分	评分标准	检测结果	扣分	得分
1	焊接准备	劳保着装及工具准备齐全，参数设置、设备调试正确并符合要求	10	劳保着装不符合要求，工具每缺一项或不符合标准，各扣 1 分，扣完为止			
2	焊缝外观	焊缝表面不允许有裂纹、未熔合、夹渣、气孔、焊瘤、烧穿等缺陷	5	有任何一项缺陷不得分			
		焊缝咬边深度≤0.5 mm，两侧咬边总长度不超过焊缝有效长度的 10％	5	1. 咬边深度≤0.5 mm （1）长度每 5 mm 扣 1 分 （2）累计长度超过焊缝有效长度的 10％不得分 2. 咬边深度＞0.5 mm 不得分			
		背面凹坑深度≤25％且 δ≤2 mm	5	1. 深度≤20％且 δ≤2 mm 时，每 10 mm 长度扣 1 分 2. 背面凹坑深度＞25％且 δ＞2 mm 时不得分			
		焊缝余高 0～3 mm，余高差≤2 mm，焊缝宽度比坡口每侧增宽 0.5～2.5 mm，宽度差≤3 mm	5	每种尺寸超标一处扣 1 分，扣完为止			
		背面焊缝余高≤3 mm	5	超标不得分			
		错边≤10％且 δ≤2 mm	5	超标不得分			
		焊后角变形≤3°	5	超标不得分			
		外观成形美观，高低宽窄一致，起头、接头、收弧处无缺陷	5	焊缝不平整，焊纹不均扣 2 分； 外观成形一般，焊缝不平直，局部高低宽窄不一致，扣 3 分； 起、接、收弧处有缺陷扣 2 分； 焊缝弯曲，高低宽窄明显不一致，有表面焊接缺陷，不得分			
3	焊缝内部质量	X 射线探伤按 NB/T47013	40	Ⅰ级片不扣分，Ⅱ级片扣 7 分，Ⅲ级片扣 15 分，Ⅲ级以下不得分			

序号	考核内容	测评要点	配分	评分标准	检测结果	扣分	得分
4	其他	安全文明生产	10	劳保用品穿戴不全，扣2分； 焊接过程中有违反操作规程的现象，根据情况扣2~5分； 焊接完毕，场地清理不干净，工具码放不整齐，扣3分			
5	定额	操作时间 70 min		超过5 min停止工作			
		合计	100				

否定项：1. 焊缝表面存在裂纹、未熔合缺陷；

　　　　2. 焊接操作时任意更改试件焊接位置；

　　　　3. 焊缝原始表面破坏

评分人：＿＿＿＿＿＿　　　　　核分人：＿＿＿＿＿＿